U0067722

設 計 師 一 定 要 學 的

HTML5
CSS3

網 頁 設 計 手 冊

陳惠貞 著

感謝您購買旗標書,
記得到旗標網站
www.flag.com.tw

更多的加值內容等著您…

● FB 官方粉絲專頁:旗標知識講堂

● 旗標「線上購買」專區:您不用出門就可選購旗標書!

● 如您對本書內容有不明瞭或建議改進之處, 請連上旗標網站, 點選首頁的 聯絡我們 專區。

若需線上即時詢問問題,可點選旗標官方粉絲專頁留言詢問, 小編客服隨時待命, 盡速回覆。

若是寄信聯絡旗標客服email, 我們收到您的訊息後,將由專業客服人員為您解答。

我們所提供的售後服務範圍僅限於書籍本身或內容表達不清楚的地方, 至於軟硬體的問題, 請直接連絡廠商。

學生團體	訂購專線:(02)2396-3257 轉 362 傳真專線:(02)2321-2545
經銷商	服務專線:(02)2396-3257 轉 331 將派專人拜訪 傳真專線:(02)2321-2545

國家圖書館出版品預行編目資料

設計師一定要會的 HTML5．CSS3網頁設計手冊 — 零基礎也能看得懂、學得會

/ 陳惠貞作. -- 臺北市:旗標, 2020.04 面; 公分

ISBN 978-986-312-612-6 (平裝)

1.HTML (文件標記語言) 2.CSS (電腦程式語言)

3.網頁設計 4.全球資訊網

312.1695 　　　　　　　　　　108017010

作　　者/陳惠貞

發行所/旗標科技股份有限公司

台北市杭州南路一段15-1號19樓

電　　話/(02)2396-3257(代表號)

傳　　真/(02)2321-2545

劃撥帳號/1332727-9

帳　　戶/旗標科技股份有限公司

監　　督/陳彥發

執行編輯/周家楨

美術編輯/陳慧如

封面設計/吳語涵

校　　對/周家楨

新台幣售價:580 元

西元 2022 年 9 月初版 4 刷

行政院新聞局核准登記-局版台業字第 4512 號

ISBN 978-986-312-612-6

版權所有‧翻印必究

Copyright © 2020 Flag Technology Co., Ltd. All rights reserved.

本著作未經授權不得將全部或局部內容以任何形式重製、轉載、變更、散佈或以其他任何形式、基於任何目的加以利用。

本書內容中所提及的公司名稱及產品名稱及引用之商標或網頁, 均為其所屬公司所有, 特此聲明。

關於本書

這是一本充滿設計感、範例導向、淺顯易懂的書籍,適合想要從頭開始設計網頁或修改現有網頁的人。

什麼是 HTML 和 CSS?

HTML 和 CSS 都是用來設計網頁的程式語言,其中 HTML(HyperText Markup Language,超文字標記語言)提供了很多標籤與屬性,可以用來定義網頁的內容,讓瀏覽器知道哪裡有圖片或影片、哪些文字是標題、段落、清單、超連結、表格或表單等。

至 於 CSS(Cascading Style Sheets,串接樣式表)則是一連串的樣式表,用來定義網頁的外觀,也就是網頁的編排、顯示、格式化及特殊效果。

為何要撰寫本書?

在說明原因之前,請您先隨手翻閱幾頁,相信第一眼看到的就是一本精緻美觀、洋溢著設計風格的書籍,不像傳統的程式設計書籍那般生澀艱難。

在過去,我們往往只想到程式設計師,卻忽略了在職場上有另一群人也很需要學會網頁設計,例如美術設計師、產品設計師、行銷企劃人員等,為了讓這群重視美感、沒有理工基礎的人也能看得懂、學得會網頁設計,於是有了這本書。

本書適合給誰看?

在網路時代中,無論是個人、企業或商品,擁有專屬網頁是極為普遍的事,不僅能提升個人或企業形象,亦有助於產品銷售。

如果您是程式設計師,別懷疑,這本書的內容既專業又完整,足以讓您成為 HTML 和 CSS 的高手。

如果您是設計師或行銷企劃人員,別擔心,這本書的編排精美,不會有礙您的美感,內容更是淺顯易懂,不會讓您愈看愈挫折、半途而廢。

本書內容

本書內容除了涵蓋最新版的 HTML5 和 CSS3，亦針對目前主流的響應式網頁設計 (RWD) 做了完整的說明。

HTML5

首先，在第 1 章中，我們會說明如何開始撰寫網頁，您要準備的是一部安裝 Windows 或 macOS 作業系統的電腦、網頁瀏覽器和文字編輯工具。

接著，在第 2 ~ 8 章中，我們會介紹如何使用 HTML5 製作文件結構、文字格式、清單、超連結、圖片、表格、影音多媒體與表單。

這個部分屬於打底的工作，網頁看起來比較單調，沒有漂亮的格式，請您保持耐心，穩扎穩打的學好基礎。

CSS3

首先，在第 9 章中，我們會說明如何在網頁中套用樣式表，包括使用內部 CSS 和外部 CSS，以及認識各種不同的選擇器。

接著，在第 10 ~ 15 章中，我們會介紹一些實用的 CSS 屬性，例如色彩、字型、文字、背景、漸層、清單、表格、表單、媒體查詢、變形、轉場等，同時會詳細說明 Box Model、定位方式與版面等重要的觀念。

此時因為有了 CSS3 的妝點，網頁也變得漂亮吸睛多了。

RWD

為了開發適用於不同裝置的網頁，響應式網頁設計 (RWD，Responsive Web Design) 逐漸主導了近年來的網頁設計趨勢，目的是根據瀏覽器環境自動調整版面配置，以提供最佳的顯示結果，換句話說，只要設計單一版本的網頁，就能完整顯示在 PC、平板電腦、智慧型手機等不同裝置。

在第 16 章中，我們會示範如何運用本書所介紹的 HTML5 和 CSS5 語法開發響應式網頁，讓您一學完就能運用在職場上。

本書資源與排版慣例

教學資源

本書提供用書教師所需的教學投影片。

範例程式

本書範例程式是依照章節順序存放,您可以運用這些範例程式開發自己的程式,但請勿隨意販售或散布。檔案請自行下載(大小寫須符合):

http://www.flag.com.tw/DL.asp?F0497

排版慣例

本書在條列 HTML5 或 CSS3 語法時,遵循下列的排版慣例:

- **斜體字**表示使用者自行輸入的資料,例如 *width="n"* 和 *height="n"* 的 *n* 表示使用者自行輸入的寬度或高度。

- **垂直線 |** 與**垂直線 ||** 用來隔開多個值或多個屬性,例如 **font-style: normal | italic | oblique** 表示 font-style 屬性的值可以是 normal、italic 或 oblique。

- **中括號 []** 表示可以省略不寫,例如 **<font-size> [/<line-height>]** 表示 line-height 屬性的值可以指定,也可以省略不寫,表示採取預設值。

- **大括弧 {}** 表示個數,例如 **border-color: 色彩 {1,4}** 表示 border-color 屬性的值可以指定 1 ~ 4 個色彩。

本書版面設計

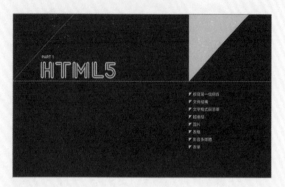

篇名頁（列出本篇的各章重點）

章名頁（列出本章的學習重點）

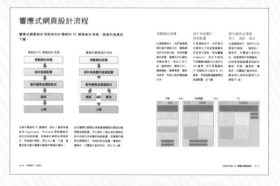

主題頁（進一步說明本章的重點與主題）

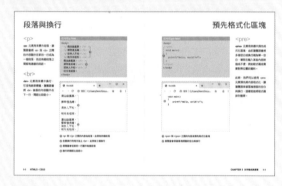

操作頁（列出程式碼、執行結果與說明）

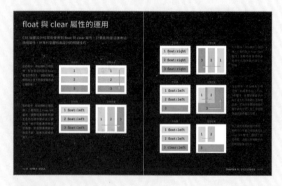

圖解頁（將觀念或語法以圖解方式呈現）

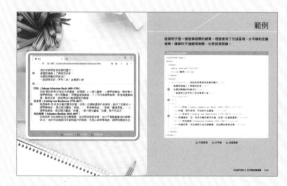

範例頁（將本章學到的技巧運用到範例）

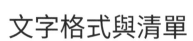

文字格式與清單

超連結

圖片

表格

影音多媒體

表單

CSS 基本語法

色彩、字型與文字

11

Box Model

12

背景與漸層

13

清單、表格與表單

14

定位方式與版面

HTML5

撰寫第一個網頁

HTML 是一種用來撰寫網頁的標記語言，網頁設計人員只要先寫出要顯示在瀏覽器畫面的內容，然後加上適當的 HTML 標籤與屬性，就可以讓瀏覽器顯示出標題、段落、超連結、圖片、清單等格式。

在本章中，您將學會：

◆ 網頁設計相關的程式語言

◆ 使用 HTML 文件編輯工具

◆ HTML 文件基本結構

◆ 撰寫 HTML 文件

◆ 測試網頁在行動裝置的瀏覽結果

◆ 檢視網頁原始碼

◆ 搜尋引擎優化 (SEO)

網頁設計相關的程式語言

網頁設計相關的程式語言很多，常見的有 HTML、CSS、瀏覽器端 Script、伺服器端 Script 等，其中 Script 指的是一種語法和結構簡單的小程式，通常是由一連串指令所組成。

HTML

HTML（HyperText Markup Language，超文字標記語言）的用途是定義網頁的內容，讓瀏覽器知道哪裡有圖片或影片、哪些文字是標題、段落、清單或超連結等。

HTML 原始碼除了包含瀏覽結果所顯示的內容之外，還有許多由 < 和 > 符號所組成的**標籤**（tag）與**屬性**（attribute），統稱為**元素**（element），瀏覽器只要接收到 HTML 原始碼，就能解譯成畫面。

網頁的瀏覽結果

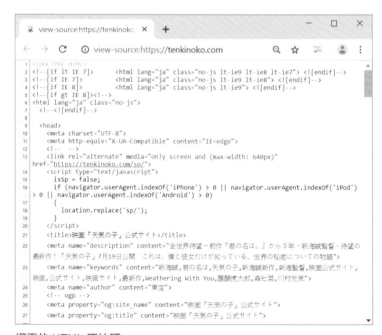

網頁的 HTML 原始碼

CSS

CSS（Cascading Style Sheets，串接樣式表）的用途是定義網頁的外觀，也就是定義網頁的編排、顯示、格式化及特殊效果，例如色彩、字型、文字、清單、表格、表單、背景、漸層、陰影、邊界、留白、框線、框線圓角、定位方式、多欄式版面、流動版面、媒體查詢、變形、轉場等。

瀏覽器端 Script

嚴格來說，使用 HTML 和 CSS 所撰寫的網頁屬於靜態網頁，無法顯示諸如導覽按鈕、輪播圖片、即時更新社群動態、即時更新 Google 地圖等動態效果，此時可以透過**瀏覽器端 Script** 來完成，這是一段嵌入在 HTML 原始碼的程式，通常是以 **JavaScript** 撰寫而成，由瀏覽器負責執行。

HTML、CSS 和 JavaScript 是網頁設計最核心也最基礎的技術，其中 HTML 用來定義網頁的內容，CSS 用來定義網頁的外觀，而 JavaScript 用來定義網頁的行為。至於 jQuery、Bootstrap、React、jQuery Mobile 等，則是以 JavaScript 為基礎所發展出來的函式庫或框架。

伺服器端 Script

雖然瀏覽器端 Script 已經能夠完成許多工作，但有些工作（例如存取資料庫）還是得透過**伺服器端 Script** 才能完成，這是一段嵌入在 HTML 原始碼的程式，通常是以 **PHP**、**ASP/ASP .NET** 或 **JSP** 撰寫而成，由伺服器負責執行。

jQuery 是目前使用最廣泛的 JavaScript 函式庫

HTML 的發展

HTML 的起源可以追溯至 1990 年代,當時一位物理學家 Tim Berners-Lee 為了讓 CERN(歐洲核子研究中心)的研究人員共同使用文件,於是提出了 HTML,用來建立超文字系統。

IETF(網際網路工程任務組)於 1993 年發布 HTML 工作草案,接著於 1995 年發布 HTML 2.0。之後 HTML 陸續有一些發展與修正,如表 1.1,而且從 HTML 3.2 開始,改交由 W3C(全球資訊網協會)負責 HTML 的標準化。

本書是以 HTML5.2 的規格為主,由於這是 HTML5 的更新版本,所以還是統稱為 HTML5,並不特別強調子版本。

版本	發布時間
HTML2.0	1995 年 11 月發布為 IETF RFC 1866
HTML3.2	1997 年 1 月發布為 W3C 推薦標準
HTML4.0	1997 年 12 月發布為 W3C 推薦標準
HTML4.01	1999 年 12 月發布為 W3C 推薦標準
HTML5	2014 年 10 月發布為 W3C 推薦標準
HTML5.1	2016 年 11 月發布為 W3C 推薦標準
HTML5.2	2017 年 12 月發布為 W3C 推薦標準

表 1.1　HTML 的版本

HTML5.2 官方網站 (https://www.w3.org/TR/html52/)

HTML 文件編輯工具

撰寫 HTML 文件並不需要額外佈署開發環境，只要滿足下列條件即可：

- 一部安裝 Windows 或 macOS 作業系統的電腦。

- 網頁瀏覽器，例如 Chrome、Edge、IE、Safari、Firefox 等。

- 文字編輯工具。

至於文字編輯工具就以您平常慣用的為主，**HTML 文件其實是一個純文字檔，只是副檔名為 .html 或 .htm，而不是 .txt**，表 1.2 是一些常見的文字編輯工具。

本書範例程式是使用 **NotePad++** 所編輯，存檔格式採取 **UTF-8** 編碼。

NotePad++ 具有下列特點，簡單又實用，相當適合初學者：

- 支援 HTML、CSS、JavaScript、C、C++、C#、Python、Perl、R、Java、JSP、ASP、Ruby、Matlab、Objective-C 等多種程式語言。

- 支援多重視窗同步編輯。

- 支援顏色標示、智慧縮排、自動完成清單等功能。

文字編輯工具	網址	是否免費
記事本、WordPad	Windows 作業系統內建	是
Notepad++	https://notepad-plus-plus.org/	是
Visual Studio Code	https://code.visualstudio.com/	是
Visual Studio Community	https://www.visualstudio.com/	是
Google Web Designer	https://www.google.com/webdesigner/	是
UltraEdit	https://www.ultraedit.com/	否
Dreamweaver	https://www.adobe.com/	否
Sublime Text	http://www.sublimetext.com/	是

表 1.2　常見的文字編輯工具

下載與安裝 NotePad++

Notepad++ 屬於開放原始碼
軟體,可以免費下載與安
裝,步驟如下:

1. 連線到 Notepad++ 官方
網 站 (https://notepad
-plus-plus.org/),然後點
取 [download] 超連結。

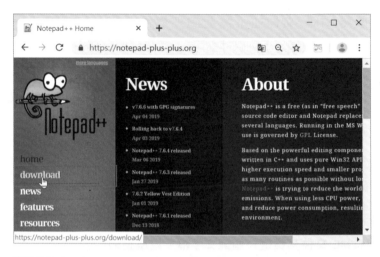

2. 點取 [DOWNLOAD]
圖示下載安裝程式。

3. 執行安裝程式,然後
選取 [中文 (繁體)] 語
系,再按 [OK]。

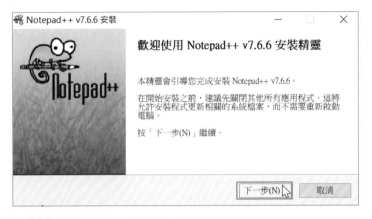

4. 出現安裝精靈畫面，請
   按 [**下一步**]。

5. 出現授權協議畫面，請
   按 [**我同意**]。

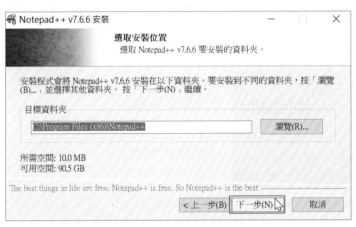

6. 出現選取安裝位置畫
   面，請按 [**下一步**]，
   使用預設的位置。

7. 出現選擇元件畫面，請
   按 [下一步]，安裝預
   設的元件。

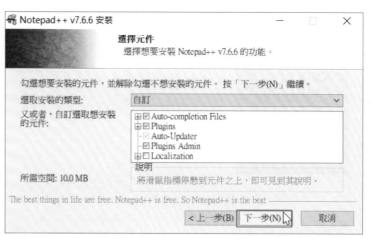

8. 按 [安裝] 開始進行
   安裝。

9. 安裝完畢，請按
   [完成]。

設定與使用 Notepad++

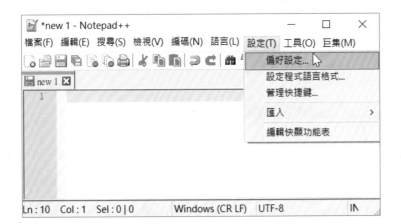

在使用 Notepad++ 撰寫 HTML 文件之前，請依照如下步驟進行基本設定：

1. 選取 **[設定]\[偏好設定]**。

2. 點取 **[新文件預設設定]** 標籤，將編碼設定為 **[UTF-8]**，預設程式語言設定為 **[HTML]**，然後按 **[儲存並關閉]**。

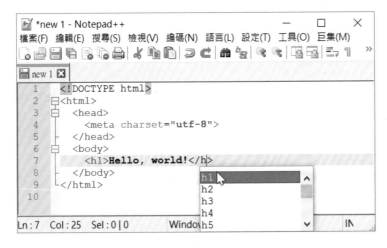

由於預設程式語言設定為 HTML，因此，NotePad++ 會根據 HTML 的語法，以不同顏色標示 HTML 標籤與屬性，也會根據輸入的文字顯示自動完成清單，讓文件的編輯更有效率。

HTML 文件基本結構

HTML 文件有一定的基本結構要遵循，一開始是 DOCTYPE，接著是 <html> 元素，裡面有 <head> 和 <body> 兩個元素，如下圖。

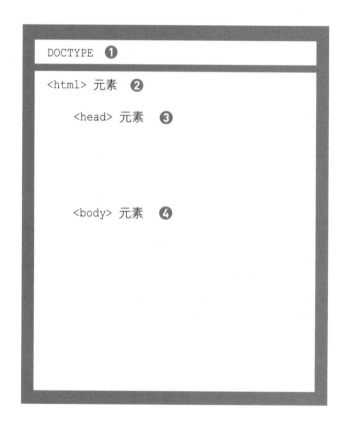

❶ **DOCTYPE**：HTML5 文件的第一行必須是 **<!DOCTYPE html>**，用來宣告網頁所使用的 HTML 版本。

❷ **<html> 元素**：用來標示網頁的開始與結束，裡面有網頁標頭與網頁主體。這是網頁的**根元素** (最上層元素)，雖然可以省略不寫，但不建議這麼做。

❸ **<head> 元素**：用來標示**網頁標頭 (head)**，裡面有網頁的編碼方式、標題、關鍵字、CSS 樣式表、JavaScript 程式碼等資訊，這些資訊不會顯示在瀏覽器畫面。

❹ **<body> 元素**：用來標示**網頁主體** (body)，裡面的內容會顯示在瀏覽器畫面。

巢狀元素

HTML 文件可以包含一個或多個元素，呈樹狀結構，有些元素屬於**兄弟節點**，有些元素屬於**父子節點**（上層的為父節點，下層的為子節點），至於**根元素**則為 <html> 元素，下面是一個例子。

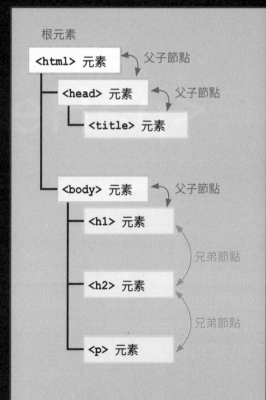

HTML 元素

HTML 元素 (element) 通常是由開始標籤 (start tag) 與結束標籤 (end tag) 所組成，用來將兩者之間的內容告訴瀏覽器。

開始標籤的前後是以 < 和 > 兩個符號括起來，至於這兩個符號裡面的字元則是用來標示內容的性質。

例如上面的程式碼是使用 <p> 元素將「Hello!」標示為段落。

結束標籤的前後是以 < 和 > 兩個符號括起來，同時 < 符號的後面有一個斜線 (/)。

不過，並不是所有元素都有結束標籤，例如
、<hr>、<img> 等元素就沒有結束標籤。

「元素」(element) 與「標籤」(tag) 兩個名詞經常被混用，但意義並不完全相同，「元素」一詞包含了開始標籤、結束標籤與兩者之間的內容。

HTML 元素的屬性

屬性 (attribute) 是放在 HTML 元素的開始標籤裡面，用來針對內容提供更多資訊。屬性通常是由**屬性名稱** (name) 與**屬性值** (value) 所組成，中間以等號 (=) 連接。

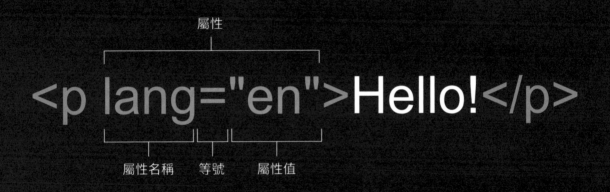

屬性名稱表示要針對內容提供什麼類型的資訊，例如 lang 表示語系。

屬性通常有一個值，表示設定值或資訊，例如上面的程式碼是使用 lang="en" 屬性將段落的語系設定為英文。

元素可以有多個屬性，中間以空白隔開。我們習慣在屬性值的前後加上雙引號 (")，不過，若屬性值是由英文字母、阿拉伯數字 (0 ~ 9)、減號 (-) 或小數點 (.) 所組成，那麼雙引號可以省略不寫。

有些屬性只能套用到某些元素，有些屬性則能套用到所有元素，稱為**全域屬性**。另外還有**事件屬性**用來針對元素的事件設定處理程式，附錄有完整的介紹。

特殊字元

若要顯示一些保留給 HTML 原始碼使用的特殊字元，例如 <、>、"、&、空白字元等，必須輸入**名稱實體參照**或**數值實體參照**。下面是一些例子，更多的字元可以參考 https://entitycode.com/。

特殊字元	名稱實體參照	數值實體參照
< （小於符號）	&lt;	&#60;
> （大於符號）	&gt;	&#62;
" （雙引號）	&quot;	&#34;
&	&amp;	&#38;
空白字元		
© （版權符號）	&copy;	&#169;
® （註冊符號）	&reg;	&#174;
TM （商標符號）	&trade;	&#8482;
" （左雙引號）	&ldquo;	&#8220;
" （右雙引號）	&rdquo;	&#8221;
¢ （美分符號）	&cent;	&#162;
£ （英鎊符號）	&pound;	&#163;
¤ （貨幣符號）	&curren;	&#164;
¥ （日圓符號）	&yen;	&#165;
€ （歐元符號）	&euro;	&#8364;

開始撰寫 HTML 文件

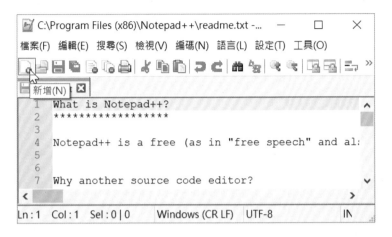

現在,請您依照如下步驟操作,親身體驗網頁的撰寫過程,已經做過網頁的讀者也不妨快速瀏覽一下:

1. 在 Notepad++ 的工具列點取【新增】按鈕開新文件。

2. 輸入此圖中的程式碼,為了提高可讀性,我們將 <head> 和 <body> 兩個元素縮排一個層次(兩個空白),表示為 <html> 元素的子元素。

3. 輸入圈起來的程式碼,使用 <title> 元素將網頁標題設定為「唐詩欣賞」。我們將 <title> 元素縮排兩個層次(四個空白),表示為 <head> 元素的子元素。

4. 在 Notepad++ 的工具列點取 **[儲存此檔案]** 按鈕，然後將檔案儲存為 poetry.html。

   ❶ 選擇存檔資料夾

   ❷ 選擇存檔類型

   ❸ 輸入檔案名稱

   ❹ 按 **[存檔]**

5. 利用檔案總管找到 poetry.html 的檔案圖示，然後按兩下，就會啟動瀏覽器載入網頁，此時，網頁標題會顯示在標題列。

6. 輸入圈起來的程式碼，這是要顯示在瀏覽器畫面的內容。

7. 儲存檔案，然後瀏覽網頁，此時，這三行文字會顯示在同一行，因為瀏覽器會將多個空白或換行視為單一空白。

8. 針對這三行文字加上 \<h1\>、\<h2\>、\<p\> 等 HTML 元素，分別標示為標題 1、標題 2 和段落。

9. 儲存檔案，然後瀏覽網頁，此時，這三行文字會分別顯示成標題 1、標題 2 和段落。

原始碼講解

現在，我們要針對前面的例子來做講解，其中藍字是 HTML 元素，橘字是標題列文字，而白字是要顯示在瀏覽器畫面的內容。

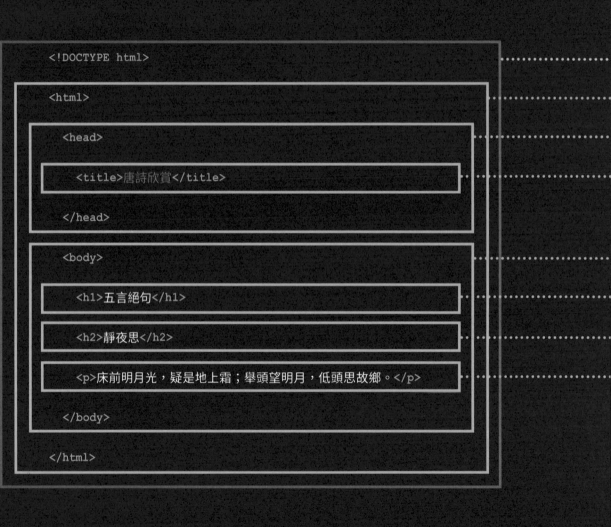

```
<!DOCTYPE html>

<html>

    <head>

        <title>唐詩欣賞</title>

    </head>

    <body>

        <h1>五言絕句</h1>

        <h2>靜夜思</h2>

        <p>床前明月光，疑是地上霜；舉頭望明月，低頭思故鄉。</p>

    </body>

</html>
```

由於瀏覽器會將多個空白或換行視為單一空白，因此，我們可以利用空白鍵和 Enter 鍵將原始碼排列整齊。此外，HTML5 的標籤與屬性不會區分英文字母的大小寫，本書將統一採取小寫英文字母。

宣告網頁所使用的 HTML 版本。

將 <html> 到 </html> 之間的內容標示為網頁原始碼。

將 <head> 到 </head> 之間的內容標示為網頁標頭，裡面有網頁的編碼方式、標題、關鍵字、樣式表等資訊。

將 <title> 到 </title> 之間的內容標示為網頁標題，這些內容會顯示在瀏覽器的標題列。

將 <body> 到 </body> 之間的內容標示為網頁主體，這些內容會顯示在瀏覽器畫面。

將 <h1> 到 </h1> 之間的內容標示為標題 1。

將 <h2> 到 </h2> 之間的內容標示為標題 2。

將 <p> 到 </p> 之間的內容標示為段落。

測試網頁在行動裝置的瀏覽結果

除了 PC 之外,我們通常也需要測試網頁在行動裝置的瀏覽結果,以下為您介紹幾種常見的方式。

將網頁上傳到 Web 伺服器

將網頁與相關檔案(例如圖片、影片、聲音等)上傳到 Web 伺服器,然後開啟手機的行動瀏覽器,輸入網址進行瀏覽。

將網頁複製到手機

若無法將網頁上傳到 Web 伺服器,但還是想透過手機的行動瀏覽器進行瀏覽,可以這麼做:

1. 使用手機的 USB 傳輸線將手機連接到電腦。

2. 將網頁與相關檔案複製到手機的內部儲存空間,例如將 poetry.html 複製到手機記憶體的 Download 資料夾。

3. 開啟手機的行動瀏覽器,輸入類似 file:///sdcard/Download/poetry.html 的網址進行瀏覽,就會得到如右圖的結果。

使用開發人員工具

多數的瀏覽器會內建開發人員工具,以 Chrome 為例,在開啟網頁後,可以按 F12 鍵進入開發人員工具,然後依照下圖操作。

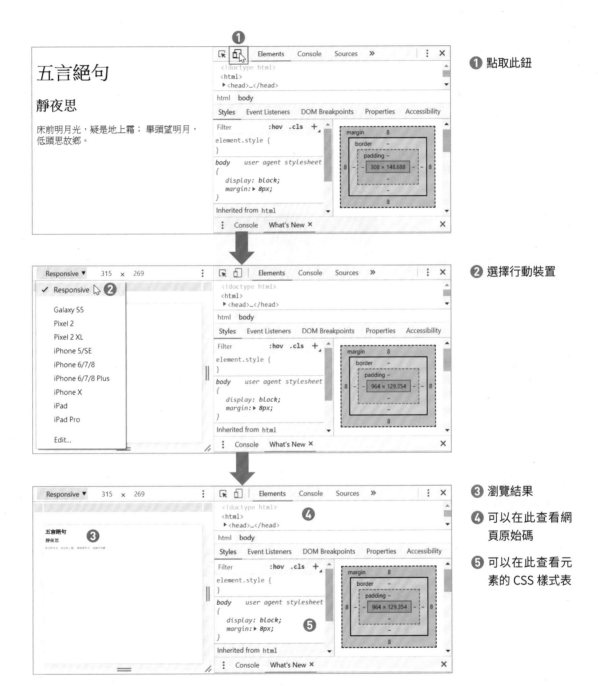

① 點取此鈕

② 選擇行動裝置

③ 瀏覽結果

④ 可以在此查看網頁原始碼

⑤ 可以在此查看元素的 CSS 樣式表

檢視網頁原始碼

想要快速學會網頁設計，觀摩他人的網站是個相當不錯的做法。

您可以在瀏覽到的網頁按一下滑鼠右鍵，就會出現功能表，裡面有數個選項。

若要查看整個網頁的原始碼，可以選取 **[檢視網頁原始碼]**。

若要查看游標所在位置的原始碼，可以選取 **[檢查]**，就會在開發人員工具中顯示相關的原始碼。

若要下載網頁，可以選取 **[另存新檔]**，不過，請注意版權問題，切勿隨意使用從網路下載的網頁。

搜尋引擎優化 (SEO)

搜尋引擎優化 (SEO，Search Engine Optimization) 可以增加網站被搜尋引擎找到的機率並提高排名。

❶ 令網頁關鍵字成為網址的一部分　　　❸ 令網頁關鍵字出現在標題、內容或超連結

❷ 令網頁關鍵字顯示在網頁標籤　　　　❹ 適當的為圖片或影片設定替代文字

根據統計，網站的新瀏覽者大部分是來自搜尋引擎，因此，一個成功的網站不僅要到搜尋引擎進行登錄，還要設法提高網站在搜尋結果中的排名。

至於如何提高排名，除了購買關鍵字廣告，還可以利用搜尋引擎的搜尋演算法來調整網站架構，即所謂的搜尋引擎優化 (SEO)，而這是一個複雜的任務。

除了委託網路行銷公司進行 SEO，事實上，在我們製作網頁的時候，也可以多留心上圖的幾個地方，亦有助於 SEO，進而提高網站的曝光度與流量。

2

文件結構

在實際應用上，網頁經常是一些文件或服務的線上版，例如產品的線上型錄、銀行或保險公司的線上表單、報章雜誌的電子版等，所以網頁也像這些文件一樣會有頁首、頁尾、主要內容、側邊欄等結構。

在本章中，您將學會：

◆ 標示網頁標頭與網頁主體

◆ 設定網頁標題、文件相關資訊、文件關聯與 CSS 樣式表

◆ 網頁主體的組成

◆ 使用全新的 HTML5 結構元素，例如 <header>、<nav>、<main>、<article>、<section>、<aside>、<footer>

根元素、網頁標頭與網頁標題

\<html\>

\<html\> 元素是網頁的根元素，用來標示網頁的開始與結束。

\<head\>

\<head\> 元素用來標示網頁標頭，裡面可以使用 \<title\>、\<meta\>、\<link\>、\<style\>、\<base\>、\<script\> 等元素來設定網頁標題、文件相關資訊、文件關聯、CSS 樣式表、相對路徑、JavaScript 程式碼等資訊，這些資訊不會顯示在瀏覽器畫面。

\<title\>

\<title\> 元素用來設定網頁標題，這個標題會顯示在瀏覽器的標題列。

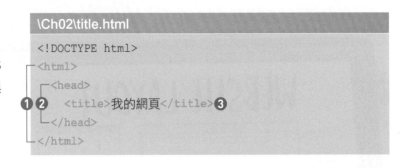

```
\Ch02\title.html
<!DOCTYPE html>
<html>
  <head>
    <title>我的網頁</title>
  </head>
</html>
```

❶ \<html\> 到 \</html\> 之間的內容為網頁原始碼

❷ \<head\> 到 \</head\> 之間的內容為網頁標頭

❸ \<title\> 到 \</title\> 之間的內容為網頁標題

❹ 網頁標題會顯示在瀏覽器的標題列，有助於搜尋引擎優化，增加網頁被搜尋引擎找到的機率

❺ 此例沒有 \<body\> 元素，所以瀏覽器畫面是空白的

文件相關資訊

\Ch02\meta.html

```
<!DOCTYPE html>
<html>
  <head>
①  <meta charset="utf-8">
②  <meta name="author" content="Jean">
③  <meta name="generator"
        content="Notepad++">
④  <meta name="keywords"
        content="food, drink">                    ⑥
⑤  <meta http-equiv="content-type"
        content="text/html">
  </head>
</html>
```

① 設定 HTML 文件的字元集 (編碼方式) 為 UTF-8

② 設定 metadata 的名稱為 "author"，內容為 "Jean"，即 HTML 文件的作者名稱為 Jean

③ 設定 metadata 的名稱為 "generator"，內容為 "Notepad++"，即 HTML 文件的編輯程式為 Notepad++

④ 設定 metadata 的名稱為 "keywords"，內容為 "food, drink "，即 HTML 文件的搜尋引擎關鍵字為 food 和 drink，中間以逗號隔開

⑤ 設定 HTML 文件的內容類型為 text/html

⑥ 這些資訊不會顯示在瀏覽器畫面

\<meta\>

\<meta\> 元素用來設定文件相關資訊，稱為 **metadata**，例如字元集、作者名稱、關鍵字、內容類型等。\<meta\> 元素沒有結束標籤，常見的屬性如下：

charset="..."

設定 HTML 文件的字元集。

name="..."

設定 metadata 的名稱，常見的有 author、generator、keywords、description 等，表示作者名稱、編輯程式、關鍵字、描述。

content="..."

設定 metadata 的內容。

http-equiv="..."

這個屬性可以取代 name 屬性，因為伺服器是使用 http-equiv 屬性蒐集 HTTP 標頭。

文件關聯

<link>

<link> 元素用來設定目前文件與其它資源之間的關聯，如表 2.1。<link> 元素沒有結束標籤，常見的屬性如下：

href="*url*"

設定欲建立關聯之其它資源的網址。

hreflang="*lang-code*"

設定 href 屬性值的語系，例如 en 為英文。

rel="*...*"

設定目前文件與其它資源的關聯。

rev="*...*"

設定目前文件與其它資源的反向關聯。

type="*content-type*"

設定其它資源的內容類型，例如 text/css 為 CSS 樣式表。

關聯	說明
author	作者
help	說明
license	授權
stylesheet	CSS 樣式表
next	下一頁
prev	上一頁
top	首頁
contents	內容
index	索引
icon	圖示

表 2.1 常見的文件關聯

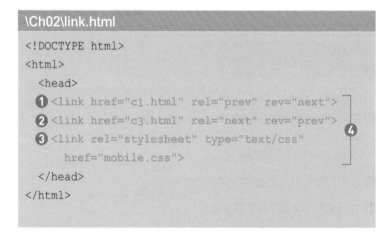

```
\Ch02\link.html
```

```
<!DOCTYPE html>
<html>
  <head>
❶  <link href="c1.html" rel="prev" rev="next">
❷  <link href="c3.html" rel="next" rev="prev">
❸  <link rel="stylesheet" type="text/css"
        href="mobile.css">
  </head>
</html>
```
❹

❶ 此敘述表示目前文件與上一個文件 c1.html 的關聯和反向關聯

❷ 此敘述表示目前文件與下一個文件 c3.html 的關聯和反向關聯

❸ 此敘述表示目前文件會連結名稱為 mobile.css 的 CSS 樣式表檔案

❹ 這些資訊不會顯示在瀏覽器畫面

CSS 樣式表

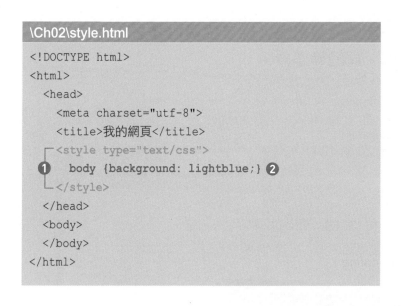

```
\Ch02\style.html
<!DOCTYPE html>
<html>
  <head>
    <meta charset="utf-8">
    <title>我的網頁</title>
    <style type="text/css">
❶   body {background: lightblue;} ❷
    </style>
  </head>
  <body>
  </body>
</html>
```

\<style>

\<style> 元素用來設定 CSS 樣式表，常見的屬性如下：

content="..."

設定 CSS 樣式表的內容類型，省略不寫的話，表示預設值 "text/css"。

media="..."

設定 CSS 樣式表的目的媒體類型，有 screen、print、speech、all 等值，分別表示螢幕、印表機、聲音合成器、全部，省略不寫的話，表示預設值 all。

❶ \<style> 到 \</style> 之間的內容為 CSS 樣式表

❷ 此例是將 \<body> 元素的背景色彩設定為淺藍色，有關 CSS 樣式表的使用方式可以參閱第 9 ~ 15 章

網頁主體的組成

網頁主體的組成往往有一定的脈絡可循，除了主要內容之外，通常還包含導覽列、頁首、側邊欄、頁尾等部分。

① **導覽列**通常包含一組連結到網站內其它網頁的超連結，使用者可以透過導覽列往返於網站的網頁。

② **頁首**通常包含標題、標誌圖案、區塊目錄等。

③ **主要內容**通常包含文章、區段、圖片或影片。

④ **側邊欄**通常包含摘要、廣告、贊助商超連結、日期月曆、其它文章列表等可以從主要內容抽離的內容。

⑤ **頁尾**通常包含網站的擁有者資訊、建議瀏覽器解析度、瀏覽人數、版權聲明，以及連結到隱私權政策、網站安全政策、服務條款等內容的超連結。

傳統的 HTML 結構元素

在過去，網頁設計人員通常是使用 <div> 元素來標示網頁上的某個區塊，但 <div> 元素並不具有任何語意，只能泛指通用的區塊。

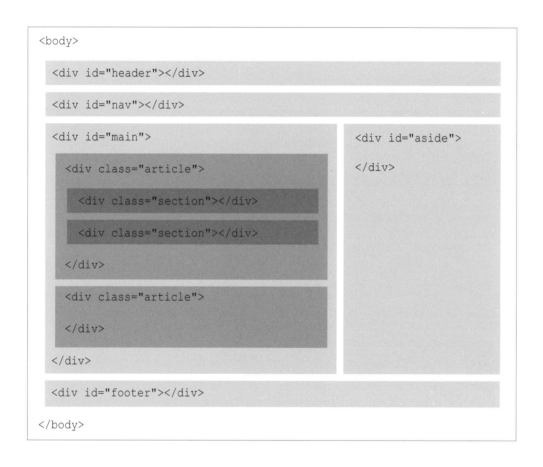

為了標示區塊的用途，網頁設計人員可能會利用 <div> 元素的 id 或 class 屬性設定區塊的識別字或類別。

例如在上圖中，我們將區塊的用途標示為頁首、導覽列、主要內容、文章、區段、側邊欄和頁尾。

不過，諸如此類的敘述並無法幫助瀏覽器辨識不同的區塊，以提供更聰明貼心的服務，例如快速鍵或搜尋等。

全新的 HTML5 結構元素

HTML5 新增了數個具有語意的結構元素,並鼓勵網頁設計人員使用這些元素取代慣用的 <div> 元素,將網頁結構轉換成語意更明確的 HTML5 文件。

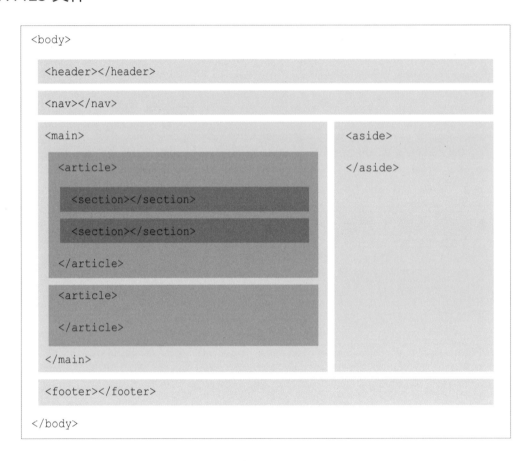

例如在上圖中,我們改用 HTML5 新增的 <header>、<nav>、<main>、<article>、<section>、<aside>、<footer> 等元素來標示頁首、導覽列、主要內容、文章、區段、側邊欄和頁尾。有關這些元素的使用方式,接下來有進一步的說明。

網頁主體

<body>

<body> 元素用來標示網頁主體，裡面可能包含文字、圖片、影片、聲音等內容，這些內容會顯示在瀏覽器畫面。

這個例子的 <body> 元素裡面有三行文字，瀏覽結果會顯示在同一行，因為當瀏覽器遇到兩個或多個空白時，只會顯示一個空白，而當瀏覽器遇到換行時，也會將換行視為一個空白，此特點稱為**空白壓縮**（whitespace collapsing）。

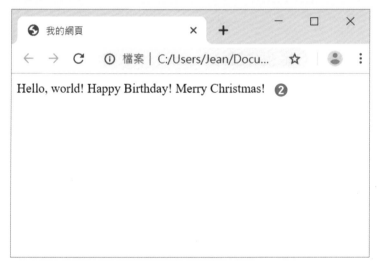

```
\Ch02\body.html
<!DOCTYPE html>
<html>
  <head>
    <meta charset="utf-8">
    <title>我的網頁</title>
  </head>
  <body>
    Hello, world!
❶   Happy Birthday!
    Merry Christmas!
  </body>
</html>
```

❶ <body> 到 </body> 之間的內容會顯示在瀏覽器畫面

❷ 瀏覽器會將換行視為一個空白，所以三行文字會顯示在同一行，中間以空白隔開

文章

<article>

<article> 元素用來標示網頁的本文或獨立的內容，例如部落格的一篇文章、討論區的一則貼文，新聞網站的一則報導。

當網頁有多篇文章時，我們可以將每篇文章放在各自的 <article> 元素裡面。

此外，<article> 元素也可以放在另一個 <article> 元素裡面，例如討論區的一則貼文可以放在上層的 <article> 父元素，而該則貼文的回應可以放在下層的 <article> 子元素。

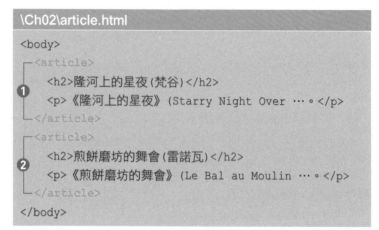

❶ 第一幅畫作介紹放在第一個 <article> 元素裡面

❷ 第二幅畫作介紹放在第二個 <article> 元素裡面

❸ 第一個 <article> 元素的瀏覽結果

❹ 第二個 <article> 元素的瀏覽結果

區段

<section>

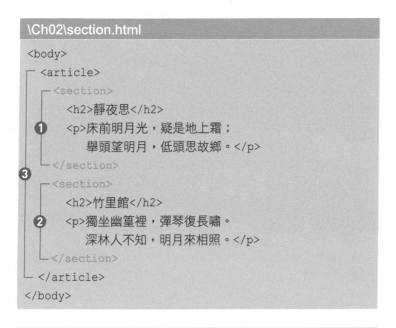

```
\Ch02\section.html
<body>
 ┌ <article>
 │  ┌ <section>
 │  │    <h2>靜夜思</h2>
❶ │  │    <p>床前明月光，疑是地上霜；
 │  │        舉頭望明月，低頭思故鄉。</p>
 │  └ </section>
❸ │  ┌ <section>
 │  │    <h2>竹里館</h2>
 │  │    <p>獨坐幽篁裡，彈琴復長嘯。
❷ │  │        深林人不知，明月來相照。</p>
 │  └ </section>
 └ </article>
</body>
```

<section> 元素用來標示章節區段，例如將網頁的本文分割為不同的區段，或將一篇文章分割為不同的章節。

當一篇文章有數個章節時，我們可以將每個章節放在各自的 <section> 元素裡面，然後將這些 <section> 元素放在 <article> 元素裡面，代表該文章。

或者，我們可以使用 <section> 元素將數篇性質雷同的文章群組在一起，此時就變成是一個 <section> 元素包含數個 <article> 元素。

❶ 第一首五言絕句放在第一個 <section> 元素裡面

❷ 第二首五言絕句放在第二個 <section> 元素裡面

❸ 兩個 <section> 元素是放在 <article> 元素裡面

導覽列

<nav>

<nav> 元素用來標示導覽列，而且網頁上的導覽列可以不只一個，視實際的需要而定。

W3C（全球資訊網協會）並沒有規定 <nav> 元素的內容應該如何撰寫，常見的做法是以項目清單的形式呈現一組超連結，若不想加上項目符號，只想單純保留一組超連結，那也無妨，甚至還可以針對這些超連結設計專屬的圖案。

提醒您，並不是任何一組超連結就要使用 <nav> 元素，而是要做為導覽列功能的超連結，諸如搜尋結果清單或贊助商超連結就不應該使用 <nav> 元素。

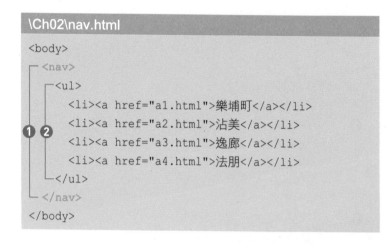

```
\Ch02\nav.html
<body>
  <nav>
    <ul>
      <li><a href="a1.html">樂埔町</a></li>
      <li><a href="a2.html">沾美</a></li>
      <li><a href="a3.html">逸廊</a></li>
      <li><a href="a4.html">法朋</a></li>
    </ul>
  </nav>
</body>
```

❶ 使用 <nav> 元素標示導覽列，讓使用者點選「樂埔町」、「沾美」、「逸廊」、「法朋」等超連結，就能連結到 a1.html、a2.html、a3.html、a4.html 等網頁

❷ 有關項目清單與超連結的使用方式可以參閱第 3 章和第 4 章

頁首 / 頁尾

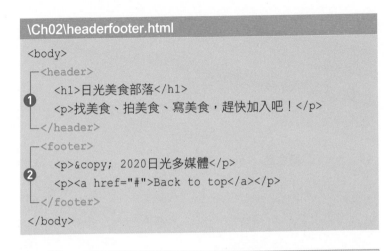

<header>

<header> 元素用來標示網頁、文章或區段的頁首，裡面可能包含標題、標誌圖案、區塊目錄、搜尋表單等。

<footer>

<footer> 元素用來標示網頁、文章或區段的頁尾，裡面可能包含網站的擁有者資訊、建議瀏覽器解析度、瀏覽人數、版權聲明，以及連結到隱私權政策、網站安全政策、服務條款等內容的超連結。

❶ 使用 <header> 元素標示頁首

❷ 使用 <footer> 元素標示頁尾

❸ 頁首的瀏覽結果

❹ 頁尾的瀏覽結果

側邊欄

<aside>

<aside> 元素用來標示側邊欄，裡面通常包含摘要、廣告、贊助商超連結、日期月曆等可以從主要內容抽離的內容。

當 <aside> 元素放在 <article> 元素裡面時，它所包含的應該是一些和文章相關，但不是絕對必要的內容，例如文章的註釋或補充說明。

相反的，當 <aside> 元素放在 <article> 元素外面時，它所包含的應該是一些和網頁相關的內容，例如廣告、推薦網站超連結、其它文章列表等。

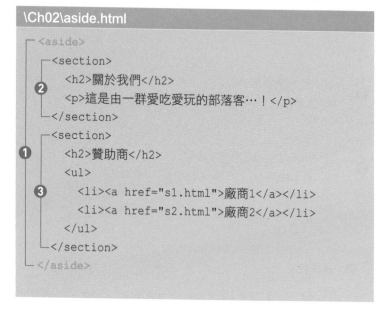

```
\Ch02\aside.html
<aside>
  <section>
    <h2>關於我們</h2>
    <p>這是由一群愛吃愛玩的部落客…！</p>
  </section>
  <section>
    <h2>贊助商</h2>
    <ul>
      <li><a href="s1.html">廠商1</a></li>
      <li><a href="s2.html">廠商2</a></li>
    </ul>
  </section>
</aside>
```

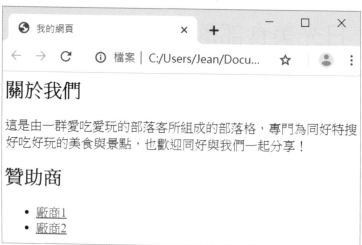

① 使用 <aside> 元素標示側邊欄，裡面有兩個區段

② 第一個區段是「關於我們」的介紹

③ 第二個區段是「贊助商」的超連結

主要內容

\<main\>

\<main\> 元素用來標示網頁的主要內容,裡面通常包含文章、區段、圖片或影片。

\<main\> 元素的內容應該是唯一的,也就是不會包含重複出現在其它網頁的資訊,例如導覽列、頁首、頁尾、版權聲明、網站標誌、搜尋表單等。

原則上,網頁裡面只有一個 \<main\> 元素,而且不可以放在 \<article\>、\<section\>、\<header\>、\<footer\>、\<nav\>、\<aside\> 等元素裡面。

```
\Ch02\main.html
<body>
  <header>
    <h1>日光美食部落</h1>
  </header>
  <main>
    <article>
      <h2>老屋&middot;慢食&middot;樂埔町</h2>
      <p>優雅美麗的樂埔町是一座…。</p>
    </article>
  </main>
  <footer>
    <p>&copy; 2020日光多媒體</p>
  </footer>
</body>
```

❶ 使用 \<main\> 元素標示主要內容,裡面有一篇文章

❷ 頁首　　❸ 主要內容　　❹ 頁尾

區塊

\<div\>

\<div\> 元素用來標示區塊，例如將數個相關的元素群組成一個區塊，令文件結構更清晰。

諸如 \<div\>、\<p\>、\<h1\> 等元素均屬於**區塊層級**（block level），它們的內容在瀏覽器畫面中會另起一行。

我們通常會搭配下列幾個屬性，將 CSS 樣式表套用到 \<div\> 元素所群組的區塊：

class="..."

設定元素的類別。

id="..."

設定元素的識別字（限英文且唯一）。

style="..."

設定套用到元素的 CSS 樣式表。

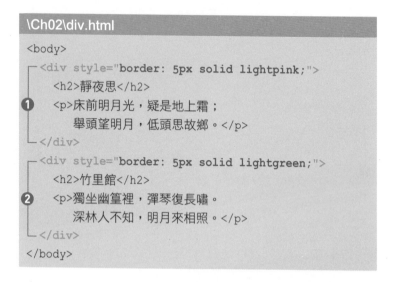

```
\Ch02\div.html
<body>
  <div style="border: 5px solid lightpink;">
    <h2>靜夜思</h2>
❶   <p>床前明月光，疑是地上霜；
        舉頭望明月，低頭思故鄉。</p>
  </div>
  <div style="border: 5px solid lightgreen;">
    <h2>竹里館</h2>
❷   <p>獨坐幽篁裡，彈琴復長嘯。
        深林人不知，明月來相照。</p>
  </div>
</body>
```

❶ 第一首五言絕句放在第一個 \<div\> 元素裡面，然後使用 style 屬性設定淺粉紅色框線

❷ 第二首五言絕句放在第二個 \<div\> 元素裡面，然後使用 style 屬性設定淺綠色框線

行內範圍

<span>

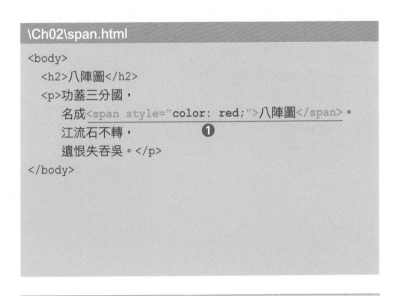

```
\Ch02\span.html
<body>
  <h2>八陣圖</h2>
  <p>功蓋三分國，
    名成<span style="color: red;">八陣圖</span>。
    江流石不轉，
    遺恨失吞吳。</p>
</body>
```
❶

<span> 元素用來標示行內範圍，例如將某些內容和元素群組成一行。

諸如 <span>、<img>、<b>、<i>、<a> 等元素均屬於**行內層級**（inline level），它們的內容在瀏覽器畫面中不會另起一行。

我們通常會搭配 class、id、style 等屬性，將 CSS 樣式表套用到 <span> 元素所群組的行內範圍。

❶ 使用 <span> 元素的 style 屬性將內容設定為紅色

❷ <span> 元素的內容顯示成紅色

標題 1 ~ 標題 6

<h1>

<h2>

<h3>

<h4>

<h5>

<h6>

<h1> ~ <h6> 元素用來標示六種層次的標題，以 <h1> 元素（標題 1）的字體最大，<h6> 元素（標題 6）的字體最小。

由於每個瀏覽器所顯示的標題大小不一定相同，因此，若要精確地設定標題的大小、字型或色彩，可以使用 CSS 樣式表。

\Ch02\heading.html

```
<body>
  <h1>標題 1</h1>
  <h2>標題 2</h2>
  <h3>標題 3</h3>
❶ <h4>標題 4</h4>
  <h5>標題 5</h5>
  <h6>標題 6</h6>
</body>
```

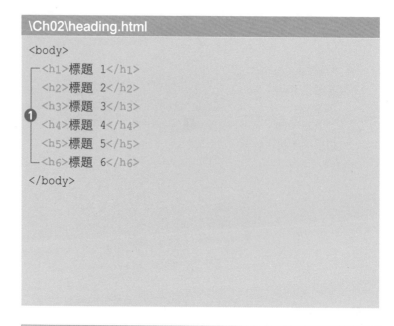

❶ 使用 <h1> ~ <h6> 元素將文字標示為標題 1 ~ 標題 6

❷ 標題 1 ~ 標題 6 的瀏覽結果（由大到小）

註解

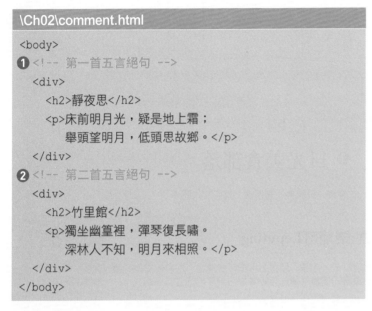

`\Ch02\comment.html`

```html
<body>
❶ <!-- 第一首五言絕句 -->
  <div>
    <h2>靜夜思</h2>
    <p>床前明月光，疑是地上霜；
        舉頭望明月，低頭思故鄉。</p>
  </div>
❷ <!-- 第二首五言絕句 -->
  <div>
    <h2>竹里館</h2>
    <p>獨坐幽篁裡，彈琴復長嘯。
        深林人不知，明月來相照。</p>
  </div>
</body>
```

❶ 第一個註解不會顯示在瀏覽結果

❷ 第二個註解不會顯示在瀏覽結果

`<!-- -->`

`<!-- -->` 元素用來標示註解，而且註解不會顯示在瀏覽器畫面。

註解用來記錄程式的用途與結構，適當的註解可以提高程式的可讀性，讓程式更容易偵錯與維護。

建議您在程式的開頭以註解說明程式的用途，而在一些重要的區塊前面也以註解說明其功能，同時盡可能簡明扼要，掌握「過猶不及」的原則。

範例

這個例子使用了全新的 HTML5 結構元素來設定網頁的版面，包含頁首、導覽列、主要內容、側邊欄與頁尾。

網頁標頭位於 <head> 元素，裡面除了使用 <meta> 和 <title> 元素設定 HTML 文件的編碼方式與標題之外，還使用 <style> 元素設定頁首、導覽列、主要內容、側邊欄與頁尾的 CSS 樣式表，包含版面配置、寬度、高度、文字對齊、背景色彩等。

我們已經介紹過 <style> 元素，至於這個例子所使用的 CSS 樣式表，您可以先簡略看過，知道它們主要是用來設定每個區塊的位置、寬度、高度、背景色彩即可。我們會在第 9 ~ 15 章介紹 CSS 語法，等您學會了 CSS，再回過頭來看，自然能夠明白它們的意義。

網頁主體位於 <body> 元素，裡面使用 <header>、<nav>、<main>、<aside> 和 <footer> 元素設定頁首、導覽列、主要內容、側邊欄與頁尾，同時我們也在每個區塊的開頭加上註解，以提高程式的可讀性。

```html
<!DOCTYPE html>
<html>
  <head>
    <meta charset="utf-8">
    <title>日光美食部落</title>
    <style>
      header {width: 100%; height: 100px; text-align: center;}
      nav {float: left; width: 20%; height: 400px; background: lightblue;}
      main {float: left; width: 60%; height: 400px; background: lightyellow;}
      aside {float: left; width: 20%; height: 400px; background: lightpink;}
      footer {clear: left; width: 100%; height: 50px; text-align: center;}
    </style>
  </head>
  <body>
    <!-- 頁首 -->
    <header>
      <h1>日光美食部落</h1>
      <p>找美食、拍美食、寫美食，趕快加入吧！</p>
    </header>

    <!-- 導覽列 -->
    <nav>
      <ul>
        <li><a href="a1.html">樂埔町</a></li>
        <li><a href="a2.html">沾美</a></li>
        <li><a href="a3.html">逸廊</a></li>
        <li><a href="a4.html">法朋</a></li>
      </ul>
    </nav>
```

```html
    <!一主要內容 -->
    <main>
      <article>
        <h2>老屋&middot;慢食&middot;樂埔町Leputing</h2>
        <p>優雅美麗的樂埔町是一座精心修復的古老日式建物，…。</p>
        <p>質樸雅致的餐具與擺設延續了樂埔町一貫的靜雅風情，…。</p>
        <p>樂埔町以融合日式調味文化與西式烹調手法的料理，…。</p>
      </article>
    </main>

    <!-- 側邊欄 -->
    <aside>
      <section>
        <h2>關於我們</h2>
        <p>這是由一群愛吃愛玩的部落客所組成的部落格，…！</p>
      </section>
      <section>
        <h2>贊助商</h2>
        <ul>
          <li><a href="s1.html">廠商1</a></li>
          <li><a href="s2.html">廠商2</a></li>
        </ul>
      </section>
    </aside>

    <!-- 頁尾 -->
    <footer>
      <p>&copy; 2020日光多媒體</p>
      <p><a href="#">Back to top</a></p>
    </footer>
  </body>
</html>
```

3

文字格式與清單

網頁經常會提供許多內容，就像我們在日常生活中所看到的各式文件一樣，而針對內容加上適當的文字格式或整理成清單，不僅能夠提升網頁的可讀性，也能加強網頁的視覺效果。

在本章中，您將學會：

◆ 設定文字格式，包括段落、換行、預先格式化區塊、引述區塊、水平線、聯絡資訊、日期時間、粗體、斜體、底線、上標、下標、強調、加強、螢光標記、刪除線、引述、引述來源、小型字、變數、定義、縮寫、輸入、輸出、程式碼、注音或拼音、插入與刪除資料等。

◆ 將資料以清單的形式條列出來，包括編號清單、項目清單與定義清單。

段落與換行

<p>

<p> 元素用來標示段落，瀏覽器會將 <p> 到 </p> 之間的內容顯示在新的一行成為一個段落，而且兩個段落之間都有適當的段距。

**
** 元素用來標示換行，它沒有結束標籤，瀏覽器會將
 後面的內容顯示在下一行，間距比段距小。

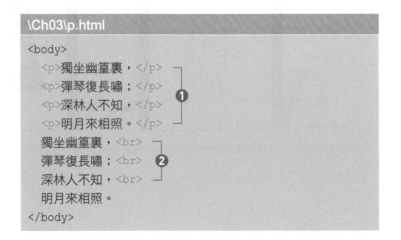

```
\Ch03\p.html

<body>
    <p>獨坐幽篁裏，</p>
    <p>彈琴復長嘯；</p>        ❶
    <p>深林人不知，</p>
    <p>明月來相照。</p>
    獨坐幽篁裏，<br>
    彈琴復長嘯；<br>          ❷
    深林人不知，<br>
    明月來相照。
</body>
```

❶ <p> 到 </p> 之間的內容為段落，此例有四個段落

❷ 在要換行的地方加上
，此例有三個換行

❸ 瀏覽器會從新的一行顯示每個段落

❹ 換行的間距比段距小

預先格式化區塊

```
\Ch03\pre.html
<body>
  <pre>
  void main()
  {
    printf("Hello, world!\n");
  }
  </pre>
</body>
```
①

②

`<pre>`

`<pre>` 元素用來標示預先格式化區塊，由於瀏覽器會將多個空白或換行視為單一空白，導致在輸入某些內容時造成不便，例如程式碼或需要對齊位置的資料。

此時，我們可以使用 `<pre>` 元素預先將內容格式化，讓瀏覽器保留區塊裡面的空白與換行，這樣就能將程式碼排列整齊。

① `<pre>` 到 `</pre>` 之間的內容為預先格式化區塊

② 瀏覽器會保留區塊裡面的空白與換行

引述區塊

\<blockquote\>

\<blockquote\> 元素用來標示引述區塊,瀏覽器通常會以縮排的形式來顯示引述區塊。

若要設定引述的相關資訊或來源出處,可以加上 **cite="…"** 屬性,例如 cite="https://developer.mozilla.org/" 就是將引述的來源出處設定為指定的網址。

```
\Ch03\blockquote.html
<body>
  <p>這是取自於 MDC 的引述。</p>

  <blockquote cite="https://developer.mozilla.org/">
    <p>這是取自於 MDC 的引述。</p>
  </blockquote>
</body>
```

❶

❷ 這是取自於MDC的引述。

　　❸ 這是取自於MDC的引述。

❶ \<blockquote\> 到 \</blockquote\> 之間的內容為引述區塊

❷ 段落不會縮排

❸ 引述區塊會縮排

水平線

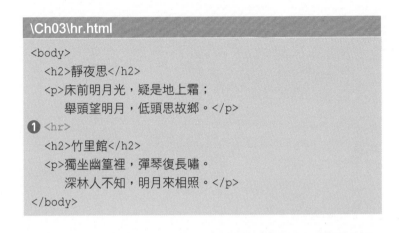

```
\Ch03\hr.html
<body>
  <h2>靜夜思</h2>
  <p>床前明月光,疑是地上霜;
     舉頭望明月,低頭思故鄉。</p>
❶ <hr>
  <h2>竹里館</h2>
  <p>獨坐幽篁裡,彈琴復長嘯。
     深林人不知,明月來相照。</p>
</body>
```

❶ 使用 <hr> 元素在兩首詩之間加上水平線

❷ 水平線的瀏覽結果

\<hr\>

\<hr\> 元素用來標示水平線,它沒有結束標籤。

在視覺效果上,瀏覽器會顯示一條水平的分隔線,而在語意上,\<hr\> 元素代表的是段落層級的焦點轉移,例如從一首詩轉移到另一首詩,或從故事的一個情節轉移到另一個情節。

若要設定水平線的寬度、色彩或陰影,可以使用 CSS 樣式表。

聯絡資訊

\<address\>

\<address\> 元素用來標示個人、團體或組織的聯絡資訊,例如地址、市內電話、行動電話、E-mail 帳號、即時通訊帳號、網址、地理位置資訊等。

在這個例子中,我們使用 \<address\> 元素在文章的最後放上「寫信給我們」和「日光多媒體」兩個超連結做為作者聯絡資訊。有關超連結的製作方式,第 4 章有進一步的說明。

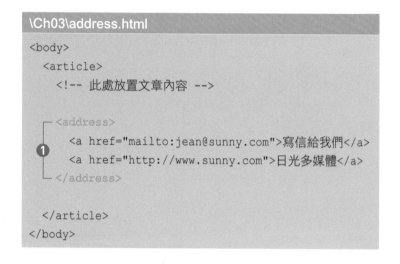

```
\Ch03\address.html
<body>
  <article>
    <!-- 此處放置文章內容 -->

   ┌ <address>
   │    <a href="mailto:jean@sunny.com">寫信給我們</a>
  ❶│    <a href="http://www.sunny.com">日光多媒體</a>
   └ </address>

  </article>
</body>
```

❶ \<address\> 到 \</address\> 之間的內容為作者聯絡資訊

❷ 點取此超連結會啟動 E-mail 軟體

❸ 點取此超連結會連結到日光多媒體網站

日期時間

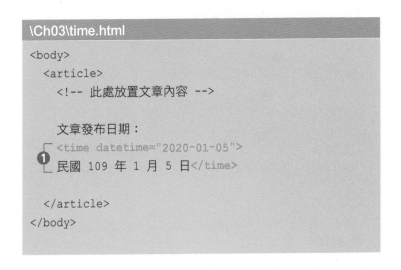

```
\Ch03\time.html
<body>
  <article>
    <!-- 此處放置文章內容 -->

    文章發布日期：
    <time datetime="2020-01-05">
    民國 109 年 1 月 5 日</time>

  </article>
</body>
```

文章發布日期：民國109年1月5日 ❷

❶ <time> 到 </time> 之間的內容為日期時間

❷ 瀏覽結果

\<time\>

\<time\> 元素用來標示日期時間，不過，有時機器可能無法理解我們在 \<time\> 元素裡面所設定的日期時間，例如「民國 109 年 1 月 5 日」，此時可以使用 **datetime="…"** 屬性設定機器可讀取的格式。

日期格式為 YYYY-MM-DD，時間格式為 HH:MM[:SS]，秒數可以省略不寫，兩者之間以 T 做區隔，例如 2020-01-05、2020-01-05T15:30、2020-01-05T15:30:25。

在這個例子中，我們使用 \<time\> 元素在文章的最後放上文章發布日期。

粗體、斜體與底線

\<b\>

\<b\> 元素用來設定粗體，代表一段需要吸引瀏覽者目光的文字，例如關鍵字、產品名稱等。

\<i\>

\<i\> 元素用來設定斜體，代表一段基於某些原因而有別於一般內容的文字，或一段改變聲調、情緒的文字，例如術語、專有名詞、慣用語、想法等。

\<u\>

\<u\> 元素用來設定底線，代表一段在樣式上有別於一般內容的文字，例如專有名詞、拼錯的單字等。

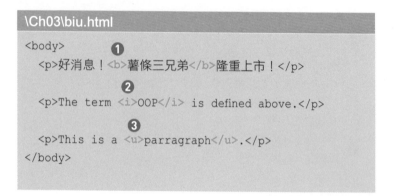

```
\Ch03\biu.html

<body>                    ❶
    <p>好消息！<b>薯條三兄弟</b>隆重上市！</p>
                          ❷
    <p>The term <i>OOP</i> is defined above.</p>
                          ❸
    <p>This is a <u>parragraph</u>.</p>
</body>
```

❶ \<b\> 到 \</b\> 之間的內容為粗體

❷ \<i\> 到 \</i\> 之間的內容為斜體

❸ \<u\> 到 \</u\> 之間的內容為底線

❹ 粗體的瀏覽結果，此例為產品名稱

❺ 斜體的瀏覽結果，此例為術語

❻ 底線的瀏覽結果，此例為拼錯的單字

上標與下標

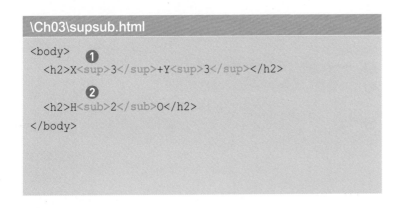

```
\Ch03\supsub.html
<body>          ❶
  <h2>X<sup>3</sup>+Y<sup>3</sup></h2>
                ❷
  <h2>H<sub>2</sub>O</h2>
</body>
```

\<sup\>

\<sup\> 元素用來設定上標，例如數學的次方或物理公式，瀏覽器會在文字基線上方顯示小型文字代表上標。

\<sub\>

\<sub\> 元素用來設定下標，例如化學式、註釋編號，瀏覽器會在文字基線下方顯示小型文字代表下標。

❶ \<sup\> 到 \</sup\> 之間的內容為上標

❷ \<sub\> 到 \</sub\> 之間的內容為下標

❸ 上標的瀏覽結果，此例為數學算式

❹ 下標的瀏覽結果，此例為水的化學式

強調與加強

<em>

<em> 元素用來標示要強調的文字，它的擺放位置會改變句子的意思或語氣。

瀏覽器通常會以斜體來顯示 <em> 元素的內容，但和 <i> 元素不同的是 <em> 元素具有強調的功能。

<strong>

<strong> 元素用來標示要加強的文字，代表一段重要的內容，但沒有要改變句子的語氣。

瀏覽器通常會以粗體來顯示 <strong> 元素的內容，但和 <b> 元素不同的是 <strong> 元素具有加強的功能。

```
\Ch03\emstrong.html
<body>
❶ <p><em>狗</em>是友善的動物</p>
❷ <p>狗是<em>友善的</em>動物</p>

❸ <p><strong>警告！</strong>危險區域請勿戲水！</p>
</body>
```

❶ <em> 到 </em> 之間的內容為強調文字，此例所強調的是「狗」這種動物

❷ <em> 到 </em> 之間的內容為強調文字，此例所強調的是「友善的」這種特質

❸ <strong> 到 </strong> 之間的內容為加強文字，此例所加強的是「警告！」

螢光標記與刪除線

```
\Ch03\mark.html
<body>
❶ <p>熱銷<mark>負離子吹風機</mark>大降價！</p>
❷ <p>原價<s>2000 元</s><p>
   <p>特價 999 元</p>
</body>
```

❸ 熱銷負離子吹風機大降價！

❹ 原價2000元

特價999元

❶ <mark> 到 </mark> 之間的內容為螢光標記

❷ <s> 到 </s> 之間的內容為刪除線

❸ 螢光標記的瀏覽結果

❹ 刪除線的瀏覽結果

<mark>

<mark> 元素用來設定螢光標記，它的意義和用來強調或加強的 <em> 或 <strong> 元素並不相同。

舉例來說，假設要在網頁上搜尋某個關鍵字，一旦搜尋到，就以螢光標記出來，此時 <mark> 元素就比 <em> 或 <strong> 元素來得適合，因為該關鍵字對本文來說，不見得是要強調或加強的文字。

<s>

<s> 元素用來設定刪除線，代表一段不再正確或不再相關的文字。

引述、引述來源與小型字

\<q>

\<q> 元素用來標示引述,例如書籍報章的一段文字或某人說過的一段話,瀏覽器通常會在 \<q> 元素的內容前後加上雙引號。

\<cite>

\<cite> 元素用來標示引述來源,例如作者、書籍、網址等,瀏覽器通常會以斜體來顯示 \<cite> 元素的內容。

\<small>

\<small> 元素用來標示小型字,代表側面評論,例如版權聲明、備註、法律限制等附屬細則。

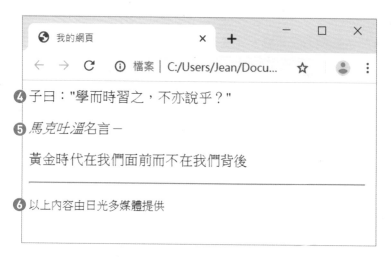

```
\Ch03\cite.html

<body>
❶ <p>子曰:<q>學而時習之,不亦說乎?</q></p>
❷ <p><cite>馬克吐溫</cite>名言-</p>
   <p>黃金時代在我們面前而不在我們背後</p>
   <hr>
❸ <p><small>以上內容由日光多媒體提供</small></p>
</body>
```

❹ 子曰:"學而時習之,不亦說乎?"

❺ *馬克吐溫名言-*

黃金時代在我們面前而不在我們背後

❻ 以上內容由日光多媒體提供

❶ \<q> 到 \</q> 之間的內容為引述

❷ \<cite> 到 \</cite> 之間的內容為引述來源

❸ \<small> 到 \</small> 之間的內容為小型字

❹ 引述文字前後會加上雙引號

❺ 引述來源會顯示成斜體

❻ 小型字會比原來的字體小

變數、定義與縮寫

```
\Ch03\dfn.html

<body>
❶ <p>矩形面積等於<var>l</var>×<var>w</var>，
   其中<var>l</var>是長，<var>w</var>是寬</p>

❷ <p><dfn>實數</dfn>是有理數與無理數的統稱</p>

❸ <p>網際網路是使用
   <abbr title="Internet Protocol">IP</abbr>通訊協定
   </p>
</body>
```

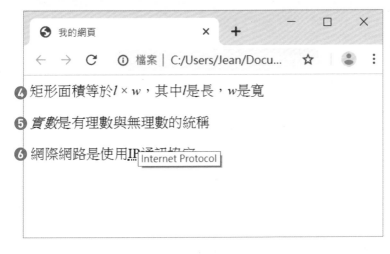

❶ <var> 到 </var> 之間的內容為變數

❷ <dfn> 到 </dfn> 之間的內容為定義

❸ <abbr> 到 </abbr> 之間的內容為縮寫

❹ 變數會顯示成斜體

❺ 定義會顯示成斜體

❻ 縮寫下方有虛線，當指標移到縮寫時，就會出現提示文字

\<var>

\<var> 元素用來標示變數，例如數學算式的變數、函數的參數等。

\<dfn>

\<dfn> 元素用來標示名詞或術語的定義，當我們在文件中第一次解釋某個名詞或術語時，就可以使用 \<dfn> 元素來做標示。

\<abbr>

\<abbr> 元素用來標示縮寫，我們還可以加上 **title="…"** 屬性將縮寫的全名設定為提示文字，這是一個全域屬性，適用於所有元素。

輸入、輸出與程式碼

\<kbd>

\<kbd> 元素用來標示使用者輸入，可能是鍵盤輸入或其它輸入，例如語音命令。

\<samp>

\<samp> 元素用來標示輸出，可能是來自另一個程式或電腦系統。

\<code>

\<code> 元素用來標示一段程式碼。

瀏覽器通常會以等寬字體來顯示 \<kbd>、\<samp> 和 \<code> 元素的內容。

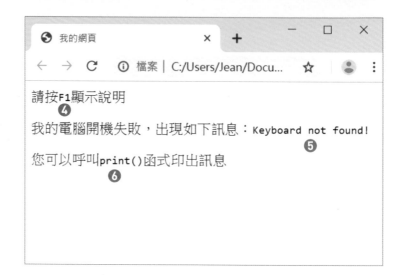

```
\Ch03\kbd.html
<body>
❶ <p>請按<kbd>F1</kbd>顯示說明</p>

❷ <p>我的電腦開機失敗，出現如下訊息：
    <samp>Keyboard not found!</samp></p>

❸ <p>您可以呼叫<code>print()</code>函式印出訊息</p>
</body>
```

❶ \<kbd> 到 \</kbd> 之間的內容為鍵盤輸入

❷ \<samp> 到 \</samp> 之間的內容為系統輸出

❸ \<code> 到 \</code> 之間的內容為一段程式碼

❹ 鍵盤輸入的瀏覽結果

❺ 系統輸出的瀏覽結果

❻ 程式碼的瀏覽結果

注音或拼音

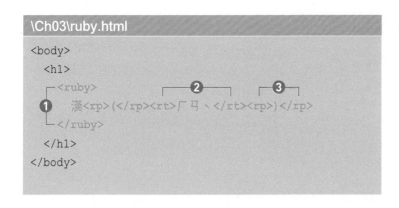

```
<body>
  <h1>
    <ruby>
      漢<rp>(</rp><rt>ㄏㄢˋ</rt><rp>)</rp>
    </ruby>
  </h1>
</body>
```

❶ <ruby> 到 </rudy> 之間的內容為字串及其注音

❷ <rt> 到 </rt> 之間的內容為注音

❸ <rp> 到 </rp> 之間的內容為括號

❹ 由於瀏覽器支援 <ruby> 元素，所以瀏覽結果會顯示注音，
而不會顯示括號

\<ruby>

\<ruby> 元素用來包住字串及其注音或拼音。

\<rt>

\<rt> 元素是 <ruby> 元素的子元素，用來包住注音或拼音，其中 rt 是 ruby text 的縮寫。

\<rp>

\<rp> 元素是 <ruby> 元素的子元素，用來設定當瀏覽器不支援 <ruby> 元素時，就顯示 <rp> 元素裡面的括號，相反的，當瀏覽器支援 <ruby> 元素時，就不顯示 <rp> 元素裡面的括號，其中 rp 是 ruby parenthese 的縮寫。

插入與刪除資料

<ins>

<ins> 元素用來插入資料，瀏覽器通常會以底線來顯示 <ins> 元素的內容。

<del>

<del> 元素用來刪除資料，瀏覽器通常會以刪除線來顯示 <del> 元素的內容。

這兩個元素常見的屬性如下：

cite="..."

設定一個文件或訊息，以說明插入或刪除資料的原因。

datetime="..."

設定插入或刪除資料的日期時間。

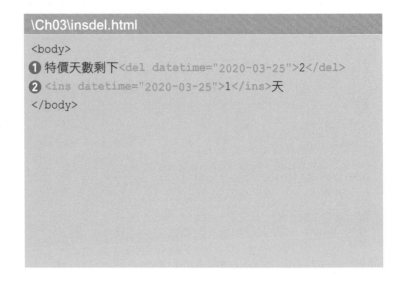

```
\Ch03\insdel.html

<body>
❶ 特價天數剩下<del datetime="2020-03-25">2</del>
❷ <ins datetime="2020-03-25">1</ins>天
</body>
```

特價天數剩下2̶ 1̲天
　　　　　　　❸

❶ <del> 到 </del> 之間的內容為要刪除的資料

❷ <ins> 到 </ins> 之間的內容為要插入的資料

❸ 瀏覽結果 (當日期超過 2020 年 03 月 25 日時，就刪除 2 再插入 1，換句話說，特價天數由原來的剩下 2 天，變成剩下 1 天)

編號清單

編號清單是將資料以清單的形式條列出來，而且項目前面會依序編號。

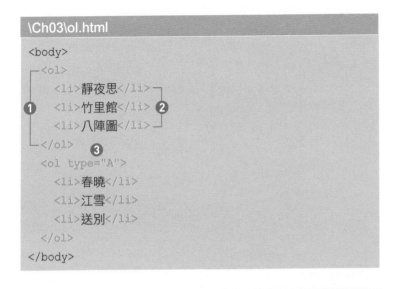

```
\Ch03\ol.html
<body>
  <ol>
    <li>靜夜思</li>
    <li>竹里館</li>
    <li>八陣圖</li>
  </ol>
  <ol type="A">
    <li>春曉</li>
    <li>江雪</li>
    <li>送別</li>
  </ol>
</body>
```
❶ ❷ ❸

\<ol\>

\<ol\> 元素用來標示編號清單，常見的屬性如下：

type="{1, A, a, I, i}"

設定編號的類型為阿拉伯數字、大寫英文字母、小寫英文字母、大寫羅馬數字或小寫羅馬數字。

start="*n*"

設定編號的起始值，*n* 為整數，預設值為 1。

reversed

設定顛倒的編號順序，例如…、3.、2.、1.。

❹
1. 靜夜思
2. 竹里館
3. 八陣圖

❺
A. 春曉
B. 江雪
C. 送別

\<li\>

\<li\> 元素用來標示項目。

❶ \<ol\> 到 \</ol\> 之間的內容為編號清單

❷ \<li\> 到 \</li\> 之間的內容為項目

❸ 使用 type 屬性設定編號的類型，此例為大寫英文字母

❹ 第一個編號清單使用阿拉伯數字，整個清單會縮排

❺ 第二個編號清單使用大寫英文字母，整個清單會縮排

項目清單

項目清單是將資料以清單的形式條列出來，而且項目前面會有一個項目符號。

<ul>

<ul> 元素用來標示項目清單。

<li>

<li> 元素用來標示項目。

瀏覽器在顯示項目清單時，通常會使用實心圓點做為項目符號，若要變更為其它圖案，例如實心方塊、空心圓點或自訂圖片，可以使用 CSS 樣式表。

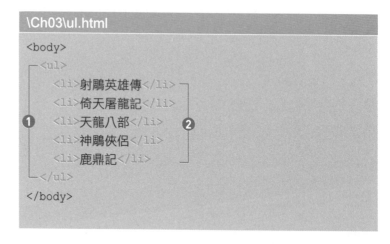

```
\Ch03\ul.html

<body>
  <ul>
      <li>射鵰英雄傳</li>
      <li>倚天屠龍記</li>
❶     <li>天龍八部</li>      ❷
      <li>神鵰俠侶</li>
      <li>鹿鼎記</li>
  </ul>
</body>
```

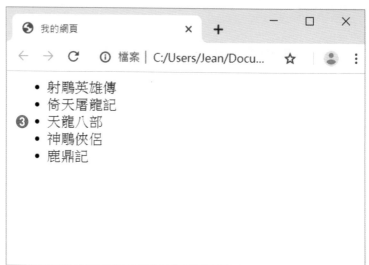

❶ <ul> 到 </ul> 之間的內容為項目清單

❷ <li> 到 </li> 之間的內容為項目

❸ 項目清單的瀏覽結果，整個清單會縮排

定義清單

定義清單是將資料格式化成兩個層次，您可以將它想像成類似目錄的東西，第一層資料是某個名詞，而第二層資料是該名詞的定義。

\<dl>

\<dl> 元素用來標示定義清單。

\<dt>

\<dt> 元素是 \<dl> 元素的子元素，用來標示定義清單中的名詞。

\<dd>

\<dd> 元素是 \<dl> 元素的子元素，用來標示定義清單中的定義。

\Ch03\dl.html

```
<body>
  ┌ <dl>
  │   <dt>五言絕句</dt> ❷
  │   <dd>五言絕句為近體詩的一種，...。</dd> ❸
  │   <dt>五言律詩</dt>
❶ │   <dd>五言律詩除了對仗和平仄，...。</dd>
  │   <dt>七言律詩</dt>
  │   <dd>七言律詩除了對仗和平仄，...。</dd>
  └ </dl>
</body>
```

五言絕句
❹　　五言絕句為近體詩的一種，格律嚴格，每首四句，每句五字，共二十字。
五言律詩
　　五言律詩除了對仗和平仄，每首四聯（首聯，頷聯，頸聯，尾聯），總共八句，每句五字，共四十字。
七言律詩
　　七言律詩除了對仗和平仄，每首四聯（首聯，頷聯，頸聯，尾聯），總共八句，每句七字，共五十六字。

❶ \<dl> 到 \</dl> 之間的內容為定義清單

❷ \<dt> 到 \</dt> 之間的內容為名詞

❸ \<dd> 到 \</dd> 之間的內容為定義

❹ 定義清單的瀏覽結果，其中定義的部分會縮排

銀耳蓮子湯食譜

- 食材
  - 白木耳
  - 蓮子
  - 冰糖
  - 水
- 步驟
  1. 將白木耳泡水1小時,然後洗淨並剪成小片。
  2. 水滾後放入白木耳和蓮子,轉小火燉煮40分鐘。
  3. 放入冰糖煮至融化,然後燜10分鐘。

❶ 項目清單　　**❷** 項目清單　　**❸** 編號清單

這個例子使用了食譜來示範巢狀清單，其中第一層有一個項目清單，而第二層有一個項目清單和一個編號清單，分別列出食材與步驟。

\Ch03\cook.html

```html
<!DOCTYPE html>
<html>
  <head>
    <meta charset="utf-8">
    <title>範例</title>
  </head>
  <body>
    <h1>銀耳蓮子湯食譜</h1>
    <ul>
      <li>食材
        <ul>
          <li>白木耳</li>
          <li>蓮子</li>
          <li>冰糖</li>
          <li>水</li>
        </ul>
      </li>
      <li>步驟
        <ol>
          <li>將白木耳泡水 1 小時，然後洗淨並剪成小片。</li>
          <li>水滾後放入白木耳和蓮子，轉小火燉煮 40 分鐘。</li>
          <li>放入冰糖煮至融化，然後燜 10 分鐘。</li>
        </ol>
      </li>
    </ul>
  </body>
</html>
```

❶ 項目清單　　❷ 項目清單　　❸ 編號清單

1 美妙的音樂就有這樣的魔力，
萬種愁緒進入了夢鄉而安息，
在聽到樂聲的時候消亡。
－凱瑟琳王后《亨利八世》全集第七卷

2 ──────────────────────────────────

3
巴哈（**Johann Sebastian Bach 1685-1750**）
　　約翰·瑟巴斯倩·巴哈的作品豐富，詠嘆調、e 小調三重奏、小提琴協奏曲、無伴奏大提琴奏鳴曲、馬太受難曲、 布蘭登堡協奏曲、十二平均律鋼琴曲集、郭德堡變奏曲等，截至目前，這些樂曲仍是演奏家的最愛。

貝多芬（**Ludwig van Beethoven 1770-1827**）
　　路德維希·范·貝多芬雖然雙耳失聰，卻是一位稟賦優異的音樂家，創作了克羅采小提琴奏鳴曲、 第三號交響曲「英雄」、「熱情奏鳴曲」、歌劇「費德里奧」、 小提琴協奏曲、第五號交響曲「命運」、第六號交響曲「田園」等不朽名作。

布拉姆斯（**Johannes Brahms 1833-1897**）
　　約翰尼斯·布拉姆斯生性沈靜嚴肅，自幼開始學習音樂。由於不喜歡戲劇性的誇張，因 此，他的作品裡面沒有當時盛行的歌劇，而是以鋼琴奏鳴曲、鋼琴協奏曲為主。

1 引述區塊　　**2** 水平線　　**3** 定義清單

範例

這個例子是一個音樂相關的網頁，裡面使用了引述區塊、水平線和定義清單，讓資料不僅顯得美觀，也更容易閱讀。

\Ch03\music.html

```html
<!DOCTYPE html>
<html>
  <head>
    <meta charset="utf-8">
    <title>範例</title>
  </head>
  <body>
    <blockquote><i>美妙的音樂就有這樣的魔力，<br>
    萬種愁緒進入了夢鄉而安息，<br>
    在聽到樂聲的時候消亡。<br>
    －凱瑟琳王后亨利八世全集第七卷</i>
    </blockquote>
    <hr>
    <dl>
      <dt><b>巴哈（Johann Sebastian Bach 1685-1750）</b></dt>
      <dd>約翰‧瑟巴斯倩‧巴哈的作品豐富，…。</dd>
      <dt><b>貝多芬（Ludwig van Beethoven 1770-1827）</b></dt>
      <dd>路德維希‧范‧貝多芬雖然雙耳失聰，卻是一位稟賦優異…。</dd>
      <dt><b>布拉姆斯（Johannes Brahms 1833-1897）</b></dt>
      <dd>約翰尼斯‧布拉姆斯生性沈靜嚴肅，自幼開始學習音樂…。</dd>
    </dl>
  </body>
</html>
```

❶ 引述區塊　　❷ 水平線　　❸ 定義清單

4

超連結

網頁上除了有豐富的文字或圖片，更有連結到其它網頁或檔案的**超連結** (hyperlink)，當使用者點取超連結時，就可以連結到網頁的某個位置、E-mail 地址、其它圖片、程式、檔案或網頁。

在本章中，您將學會製作下列幾種超連結：

◆ 外部超連結

◆ 內部超連結

◆ 頁內超連結

◆ E-mail 超連結

◆ 在新視窗或新索引標籤開啟超連結

◆ 提供檔案下載的超連結

Web 的運作模式

Web 採取**主從式架構**，如下圖，**Web 用戶端**只要安裝瀏覽器軟體，就能透過該軟體連上 **Web 伺服器**，進而瀏覽它所提供的網頁。

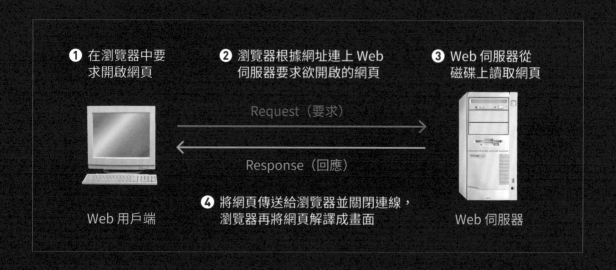

① 在瀏覽器中要求開啟網頁

② 瀏覽器根據網址連上 Web 伺服器要求欲開啟的網頁

③ Web 伺服器從磁碟上讀取網頁

Request（要求）

Response（回應）

Web 用戶端

④ 將網頁傳送給瀏覽器並關閉連線，瀏覽器再將網頁解譯成畫面

Web 伺服器

當使用者在瀏覽器中輸入網址或點取超連結時，瀏覽器會根據網址連上 Web 伺服器，並向 Web 伺服器要求使用者欲開啟的網頁，此時，Web 伺服器會從磁碟上讀取網頁，然後傳送給瀏覽器並關閉連線，而瀏覽器一收到網頁，就會解譯成畫面。

事實上，當瀏覽器向 Web 伺服器送出要求時，它不只是將欲開啟之網頁的網址傳送給 Web 伺服器，還會連同自己的作業系統、瀏覽器類型、版本、能夠接受的編碼方式等資訊一併傳送過去，這些資訊稱為 **Request Header**（要求標頭）。

相反的，當 Web 伺服器回應瀏覽器的要求時，它不只是將網頁傳送給瀏覽器，還會連同網頁的大小、日期等資訊一併傳送過去，這些資訊稱為 **Response Header**（回應標頭），而 Request Header 和 Response Header 則統稱為 **HTTP Header**（HTTP 標頭）。

認識 URL

超連結的定址方式稱為 **URL** (Universal Resource Locator)，
指的是 Web 上各種資源的網址，下面是一個例子。

http://www.lucky.com/books/index.html

通訊協定　　　　　　　網域名稱　　　　　　　　　　　　檔案路徑

通訊協定是用來指定 URL 所連結的網路服務，例如 http:// 或 https:// 代表全球資訊網、mailto: 代表 E-mail。http:// 和 https:// 的差異在於前者採取 HTTP 通訊協定，而後者採取 HTTPS 通訊協定，S 代表 Secure，在傳送資料時會加密，安全性較高。

網域名稱是提供資源的伺服器名稱，例如 www.lucky.com 代表 Web 伺服器名稱。

檔案路徑是用來指定存放位置和檔案名稱，例如 /books/index.html 的 books 代表資料夾名稱，而 index.html 代表檔案名稱。

網站的資料夾結構

大型網站通常包含許多網頁、圖片或程式檔案，為了方便管理，網站的製作者會將檔案加以分類存放在個別的資料夾，如下圖。

網站的資料夾呈樹狀結構，以上圖為例，最上層的 myweb 為**根資料夾**，裡面有一個 index.html 檔案和 images、scripts、products 三個**子資料夾**，換句話說，myWeb 是 images、scripts、products 的**父資料夾**，而 images 資料夾裡面又有一個 logo.png 檔案，其它依此類推。

網站裡面的檔案都有一個 URL（網址），假設網站的網域名稱為 www.myweb.com，那麼首頁的 URL 為 http://www.myweb.com/index.html，而標誌圖案的 URL 為 http://www.myweb.com/images/logo.png，我們將這種從 http:// 開始的完整 URL 稱為**絕對 URL**。

絕對 URL 與相對 URL

URL 又分為**絕對 URL** 與**相對 URL** 兩種類型，前者是由通訊協定、網域名稱和檔案路徑所組成，而後者是目前位置與目的位置之間的相對位置，可以視為絕對 URL 的快速表示法。

相對 URL 的優點是不用重複撰寫通訊協定和網域名稱，可以在本機電腦測試超連結，當整個根資料夾被搬移到不同伺服器或其它位置時，網頁之間的超連結仍可正確連結，無須做更改。

相對 URL 類型	範例（參考前一頁的網站結構）
相同資料夾 若要連結到相同資料夾的檔案，可以直接使用「檔名」。	從 coffee.html 到 tea.html 的相對 URL： `tea.html`
下層資料夾 若要連結到下層資料夾的檔案，可以使用「資料夾名稱 / 檔名」。	從 index.html 到 logo.png 的相對 URL： `images/logo.png`
上層資料夾 若要連結到上層資料夾的檔案，上一層可以使用「../ 檔名」，上兩層可以使用「../../ 檔名」，依此類推。	從 tea.html 到 index.html 的相對 URL： `../../index.html`
跨資料夾 若要連結到跨資料夾的檔案，可以先上移到兩者共同的父資料夾，再下移到目的資料夾。	從 tea.html 到 sale.html 的相對 URL： `../books/sale.html` 表示先從 tea.html 上移到和 sale.html 共同的父資料夾 products，再下移到目的資料夾 books，就能到 sale.html。

標示超連結

我們可以使用 **<a>** 元素將一段文字或圖片標示為超連結，令使用者一點取該段文字或圖片，就連結到指定的網址。

開始標籤   超連結文字　結束標籤

`<a href="https://www.google.com/">Google</a>`

使用 href 屬性設定超連結的網址

瀏覽器預設會以藍字底線顯示超連結文字，當指標移到超連結文字時，就會變成手指形狀並顯示網址。

<a> 元素常見的屬性如下：

href="*url*"

設定超連結的網址。

download

設定要下載檔案而不是要開啟檔案。

target="..."

設定開啟超連結的方式，預設值為 _self，表示將超連結所連結的資源開啟在目前視窗。若要將超連結所連結的資源開啟在新視窗或新索引標籤，可以將 target 屬性的值設定為 _blank。

外部超連結

```
<body>
                                    ❶
  <a href="https://www.starbucks.com.tw/">星巴克</a>
</body>
```

\<a\>

外部超連結會連結到網站外部的其它網頁,我們可以使用 **\<a\>** 元素的 **href="*url*"** 屬性設定外部超連結的網址。

外部超連結通常採取絕對URL,也就是包含通訊協定、網域名稱和檔案路徑的完整網址。

在這個例子中,星巴克為外部網站,所以 href 屬性的值是完整網址 https://www. starbucks. com.tw/,裡面沒有指定檔案名稱,預設會顯示網站的首頁。

❶ 使用絕對 URL 設定網址

❷ 點取超連結

❸ 在目前視窗開啟超連結所連結的網頁

內部超連結

<a>

內部超連結會連結到網站內部的其它網頁，我們可以使用 **<a>** 元素的 **href="*url*"** 屬性設定內部超連結的網址。

內部超連結通常採取相對 URL，也就是只包含資料夾名稱和檔案名稱，有時甚至連資料夾名稱都可以省略。

在這個例子中，由於 a1.html 和 a2.html 兩個網頁位於相同資料夾，所以 href 屬性的值只要寫出檔案名稱即可。

```
\Ch04\a2.html

<body>              ❶
  <a href="a1.html">開啟 a1.html 網頁</a>
</body>
```

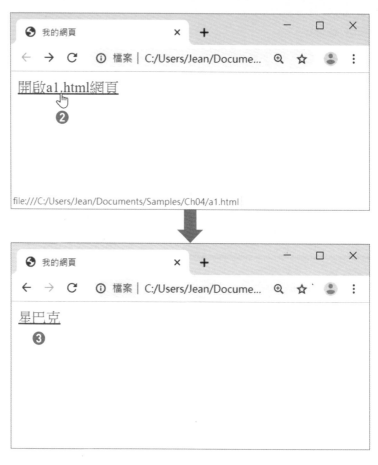

❶ 使用相對 URL 設定網址

❷ 點取超連結

❸ 在目前視窗開啟超連結所連結的網頁

頁內超連結

頁內超連結會連結到網頁的某個位置,當網頁的內容比較長時,為了方便瀏覽,我們可以針對網頁的主題建立頁內超連結,使用者只要點取超連結,就會跳到對應的位置。

在這個例子中,我們先在對應的位置(唐詩標題)使用 id 屬性設定唯一的識別字,例如 <h3 id="p1">,然後使用頁內超連結的 href 屬性設定所連結的識別字,而且前面要加上 # 符號,例如 <a href="#p1">。

若 href 屬性和所連結的識別字位於不同檔案,那麼 # 符號前面還要寫出檔名,例如 <a href="a3.html#p1">。

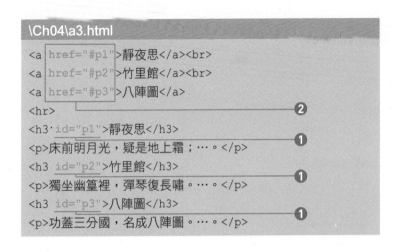

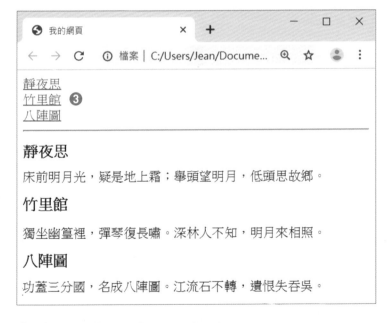

❶ 在對應的位置使用 id 屬性設定識別字

❷ 使用 href 屬性設定所連結的識別字

❸ 點取頁內超連結,就會跳到對應的位置(此例為唐詩標題)

連結到 E-mail 地址

有些網頁會提供回信服務，使用者只要點取網頁上的 E-mail 地址、信箱之類的圖示或文字，就會啟動 E-mail 軟體，而且收件者欄位會自動填上指定的 E-mail 地址。

當我們要建立連結到 E-mail 地址的超連結時，除了使用 <a> 元素的 href 屬性設定收件者的 E-mail 地址，還要在 E-mail 地址的前面加上 **mailto:** 通訊協定。

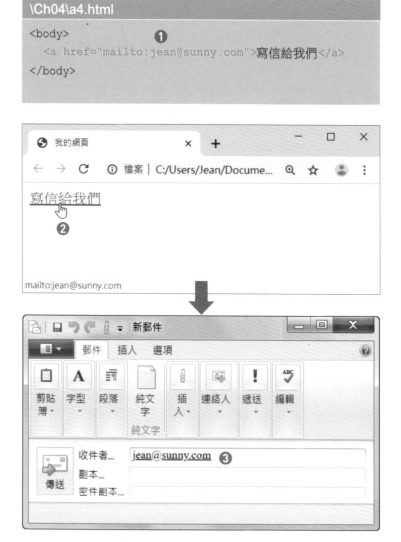

```
\Ch04\a4.html

<body>                        ❶
  <a href="mailto:jean@sunny.com">寫信給我們</a>
</body>
```

❶ 設定連結到 E-mail 地址的超連結

❷ 點取超連結

❸ 啟動 E-mail 程式，並自動填上指定的 E-mail 地址

在新視窗開啟超連結

```
\Ch04\target.html
<body>                                        ❶
  <a href="https://www.google.com/" target="_blank">
    在新視窗開啟 Google 網站</a>
</body>
```

在預設的情況下,瀏覽器會在目前視窗開啟超連結所連結的網頁。

若不希望使用者就此離開原來的網頁,可以在 <a> 元素加上 **target="_blank"** 屬性,將所連結的網頁開啟在新視窗或新索引標籤,如此一來,原來的網頁也會保持開啟在原來的視窗。

❶ 使用 target 屬性設定在新視窗開啟超連結

❷ 點取超連結

❸ 在新索引標籤開啟超連結所連結的網頁

提供檔案下載的超連結

我們可以利用超連結讓使用者下載檔案，在這個例子中，除了使用 <a> 元素的 href 屬性設定提供檔案下載的網址，還要加上 **download** 屬性，表示要下載檔案而不是要開啟檔案。

❶ 加上 download 屬性表示要下載檔案

❷ 點取超連結

❸ 將檔案下載到磁碟

相對 URL 的路徑

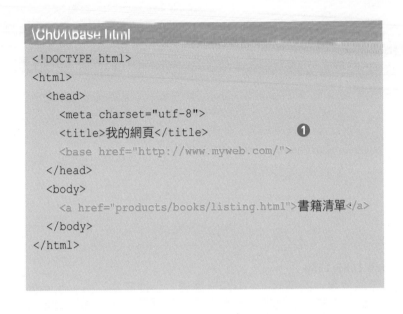

```
\Ch04\base.html
<!DOCTYPE html>
<html>
  <head>
    <meta charset="utf-8">
    <title>我的網頁</title>                    ❶
    <base href="http://www.myweb.com/">
  </head>
  <body>
    <a href="products/books/listing.html">書籍清單</a>
  </body>
</html>
```

\<base\>

在 HTML 文件中，無論是連結到圖片、程式檔案或樣式表的超連結，都是靠 URL 來設定路徑，而且為了方便起見，我們通常是將檔案放在相同資料夾，然後使用相對 URL 來表示超連結的網址。

若有天我們將檔案搬移到其它資料夾，那麼相對 URL 是否要一一修正呢？其實不用，只要使用 **\<base\>** 元素設定相對 URI 的路徑即可。

在這個例子中，我們使用 \<base\> 元 素 的 **href="*url*"** 屬性設定相對 URL 的路徑，注意 \<base\> 元素要放在 \<head\> 元素裡面，而且沒有結束標籤。

❶ 使用 \<base\> 元素設定相對 URL 的路徑

❷ 根據 \<base\> 元素的路徑和超連結的相對 URL，可以得知絕對 URL 為 "http://www.myweb.com/products/books/ listing.html"

- <u>巴哈</u>
- <u>貝多芬</u>　❶
- <u>布拉姆斯</u>

巴哈（**Johann Sebastian Bach 1685-1750**）
　　約翰·瑟巴斯倩·巴哈的作品豐富，詠嘆調、e 小調三重奏、小提琴協奏曲、無伴奏大提琴奏鳴曲、馬太受難曲、 布蘭登堡協奏曲、十二平均律鋼琴曲集、郭德堡變奏曲等，截至目前，這些樂曲仍是演奏家的最愛。

貝多芬（**Ludwig van Beethoven 1770-1827**）
　　路德維希·范·貝多芬雖然雙耳失聰，卻是一位稟賦優異的音樂家，創作了克羅采小提琴奏鳴曲、 第三號交響曲「英雄」、「熱情奏鳴曲」、歌劇「費德里奧」、 小提琴協奏曲、第五號交響曲「命運」、第六號交響曲「田園」等不朽名作。

布拉姆斯（**Johannes Brahms 1833-1897**）
　　約翰尼斯·布拉姆斯生性沈靜嚴肅，自幼開始學習音樂。由於不喜歡戲劇性的誇張，因 此，他的作品裡面沒有當時盛行的歌劇，而是以鋼琴奏鳴曲、鋼琴協奏曲為主。

好站推薦：<u>兩廳院</u> ❷

<u>*寫信給我們*</u> ❸

<u>Back to top</u>　❹

❶ 頁內超連結（連結到個別音樂家的介紹）　　❸ E-mail 超連結

❷ 外部超連結（連結到兩廳院）　　❹ 頁內超連結（連結到網頁頂端）

範例

這個例了使用了數種超連結的技巧，當點取網頁頂端的音樂家名字時，會跳到個別音樂家的介紹；當點取「兩廳院」時，會在新索引標籤開啟兩廳院網站；當點取「Back to top」時，會回到網頁頂端。

\Ch03\music2.html

```
<!DOCTYPE html>
<html>
  <head>
    <meta charset="utf-8">
    <title>範例</title>
  </head>
  <body>
    <ul id="top">
①    <li><a href="#m1">巴哈</a></li>
      <li><a href="#m2">貝多芬</a></li>
      <li><a href="#m3">布拉姆斯</a></li>
    </ul>
    <hr>
    <dl>
      <dt id="m1"><b>巴哈 (Johann Sebastian Bach 1685-1750) </b></dt>
      <dd>約翰‧瑟巴斯倩‧巴哈的作品豐富，…。</dd>
      <dt id="m2"><b>貝多芬 (Ludwig van Beethoven 1770-1827) </b></dt>
      <dd>路德維希‧范‧貝多芬雖然雙耳失聰，卻是一位稟賦優異…</dd>
      <dt id="m3"><b>布拉姆斯 (Johannes Brahms 1833-1897) </b></dt>
      <dd>約翰尼斯‧布拉姆斯生性沈靜嚴肅，自幼開始學習音樂…。</dd>
    </dl>
②  <p>好站推薦：<a href="http://npac-ntch.org/zh/" target="_blank">兩廳院</a></p>
③  <address><a href="mailto:jean@sunny.com">寫信給我們</a></address>
④  <p><a href="#top">Back to top</a></p>
  </body>
</html>
```

❶ 頁內超連結　　❷ 外部超連結　　❸ E-mail 超連結　　❹ 頁內超連結

5

圖片

圖片是網頁上不可或缺的重要元素，好的圖片除了能夠幫助使用者瞭解網頁所要傳達的意念，更能大幅提升網頁的質感與形象。

在本章中，您將學會：

◆ 使用正確的圖片格式、圖片尺寸與圖片解析度

◆ 嵌入圖片

◆ 設定圖片的網址、替代文字、寬度與高度

◆ 製作圖片超連結

◆ 標註圖片與說明

◆ 製作影像地圖

製作網頁的圖片

在製作網頁的圖片時，除了要使用正確的圖片格式、圖片尺寸與圖片解析度，還要注意圖片的來源，不能隨意下載未經授權的圖片，也不能複製、抄襲或合成他人的圖片。

1

圖片格式

網頁的圖片格式通常是以 JPEG、GIF、PNG 為主，不當的圖片格式不僅會影響圖片的品質，也可能會影響網頁的載入速度，有時只是短短幾秒鐘的延遲，就可能導致網頁的新瀏覽者不耐等候而直接離開。

2

圖片尺寸

網頁的圖片尺寸應該設定為圖片在網頁上所要顯示的寬度與高度，若尺寸太小，圖片可能會變得模糊；若尺寸太大，網頁的載入速度會被拖慢；若尺寸不符合原始比例，圖片就會變形，被拉高或壓扁。

3

圖片解析度

網頁的圖片解析度通常設定為 72PPI，也就是每英吋有 72 個像素，因為桌上型電腦的瀏覽器通常是以 72PPI 來顯示圖片，超過 72PPI 的話，只會增加圖檔大小，讓圖片看起來更大，下載時間更久。

圖片格式

網頁的圖片格式通常是以 **JPEG**、**GIF**、**PNG** 為主，三者均屬於點陣圖。此外，若圖片是由點、線、多邊形等幾何圖形所組成，亦可使用 **SVG** 向量圖格式。

	JPEG	GIF	PNG
色彩深度	24 位元	8 位元	8、24 位元
透明度	無	有	有
動畫	無	有	無（可以透過擴充規格 APNG 製作動態效果）
圖檔大小	中	小	大
存檔類型	灰階、全彩	黑白、灰階、16 色、256 色	黑白、灰階、16 色、256 色、全彩
適用時機	照片、漸層圖片	簡單圖片、需要去背或動態效果的圖片	照片、漸層圖片、簡單圖片、需要去背的圖片、動態貼圖

色彩深度（color depth）是儲存一個像素的色彩所使用的位元數目，n 位元能夠表示 2^n 色，例如 24 位元全彩能夠表示 2^{24}（16777216）色。

透明度（transparency）是在圖片的調色盤中指定一種色彩，而該色彩可以被背景圖片的色彩取代，也就是平常所說的「去背」。

動畫（animation）是在一個圖檔中儲存多張圖片，然後指定播放順序與播放速度，藉由人類視覺暫留的現象產生動態效果。

JPEG

JPEG（Joint Photographic Experts Group）支援 8 位元灰
階與 24 位元全彩，副檔名為 .jpg、.jpe、.jpeg 等，能
夠展現圖片的色彩層次變化及濃度，適合用來儲存連
續色調的自然景物、較能容忍失真或不需要縮放的圖
片，例如花草樹木、光影、街景、建築物、人物等。

GIF

GIF（Graphics Interchange Format）支援 256 色調色盤，副檔名為 .gif，其特點是檔案較小，支援透明度與動畫，適合用來儲存構圖簡單、色彩較少、需要去背或動態效果的圖片，例如標誌、圖示、商標、按鈕、卡通人物、表情符號等。

PNG

PNG (Portable Network Graphics) 支援 256 色調色盤、8 位元灰階與 24 位元全彩,副檔名為 .png。PNG 亦支援透明度,適合用來儲存標誌、圖示、商標等簡單圖片,以及照片、漸層圖片或需要去背的圖片。

和採取失真壓縮的 JPEG 相比,PNG 採取不失真壓縮,畫質較佳,檔案較大;和原生支援動畫的 GIF 相比,PNG 可以透過擴充格式 **APNG** (Animated PNG) 製作動態效果,例如 LINE 動態貼圖。

SVG

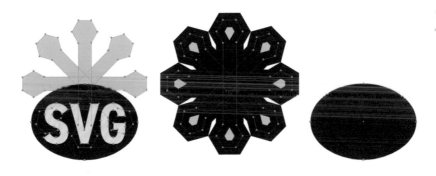

向量圖（vector graphic）是由數學公式所產生的點、線、多邊形等幾何圖形所組成，能夠任意縮放、旋轉及傾斜，而不會產生鋸齒或模糊。

SVG（Scalable Vector Graphics）是一種向量圖格式，副檔名為 .svg，其特點是檔案較小，能夠任意縮放，可以直接在網頁顯示，無須轉換成點陣圖。SVG 適合用來儲存線條清晰、形狀平滑、要做縮放的圖片，例如標誌、圖示、商標、圖表、插圖、工業設計、商業設計、數位藝術創作等。

圖片尺寸

網頁的圖片尺寸應該設定為圖片在網頁上所要顯示的寬度與高度，尺寸愈大，圖檔就愈大。

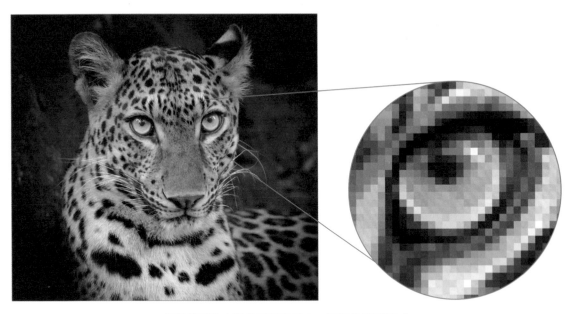

將點陣圖放大就能看出它是由一個個像素所組成

點陣圖 (bitmap) 是由一個個方形的像素 (pixel) 所組成，每個像素儲存了圖片中每個點的色彩資訊。

以尺寸為 600×400 的圖片為例，表示寬度有 600 個像素，高度有 400 個像素。

假設該圖片在網頁上所要顯示的寬度與高度為 300×200，那麼我們可以先使用 Photoshop、Painter 等影像處理軟體將圖片縮小 50% 或裁剪成 300×200，這樣圖檔比較小，網頁的載入速度會比較快。

相反的，若該圖片在網頁上所要顯示的寬度與高度為 1200×800，那麼我們必須先使用影像處理軟體在不降低畫質的情況下，設法將圖片放大兩倍，切勿直接在網頁放大圖片，以免產生鋸齒或模糊。

圖片解析度

網頁的圖片解析度通常設定為 72PPI，解析度愈高，圖檔就愈大。

解析度（resolution）指的是單位長度內的像素數目或點數目。

電腦螢幕的解析度是以 **PPI**（Pixels Per Inch）為單位，也就是每英吋有幾個像素，而印刷品的解析度是以 **DPI**（Dots Per Inch）為單位，也就是每英吋有幾個點。

理論上，圖片解析度愈高，畫質就愈佳，但圖片真正呈現出來的效果還是得看最後使用的媒體設備而定。

舉例來說，一般印刷品的圖片解析度通常需要到 300DPI，而畫冊、寫真集或年鑑的圖片解析度可能需要到 400DPI。

至於桌上型電腦的瀏覽器通常是以 72PPI 來顯示圖片，因此，網頁的圖片解析度可以設定為 72PPI。

即使圖片解析度高達 300PPI，亦無法提升它在瀏覽器的畫質，只會增加圖檔大小和載入時間而已。

除了解析度之外，色彩深度也會影響畫質，色彩深度愈高，能夠表示的色彩就愈多，圖片也愈逼真。

事實上，解析度和色彩深度正決定了圖檔大小，解析度愈高、色彩深度愈高，圖檔就愈大。

以一張 800×600 的 24 位元全彩圖片為例，在沒有壓縮的情況下，圖檔大小為（800×600×24）÷8 ＝ 1440000 位元組，約 1.4MB。

嵌入圖片

我們可以使用 **\<img\>** 元素在 HTML 文件中嵌入圖片，它沒有結束標籤，下面是一個例子。

只有開始標籤，沒有結束標籤

\<img src="osaka6.jpg"\>

使用 src 屬性設定圖片的網址

\<img\> 元素常見的屬性如下：

src="*url*"

設定圖片的網址。

網站的製作者通常會將圖片統一存放在一個名稱為 images 的資料夾，然後透過相對 URL 來指定圖片的檔案路徑。如有需要，還可以在 images 資料夾裡面建立其它子資料夾存放不同類型的圖片。

name="..."

設定圖片的名稱，建議以 id 屬性來取代。

width="*n*"

設定圖片的寬度，*n* 是像素數或父元素的寬度比例。

height="*n*"

設定圖片的高度，*n* 是像素數或父元素的高度比例。

`title="..."`

設定圖片的提示文字。

`alt="..."`

設定圖片的替代文字。

`ismap`

設定圖片為伺服器端影像地圖。

`usemap="..."`

設定所要使用的影像地圖。

`srcset="..."`

設定在不同裝置像素比或裝置寬度的情況下所要使用的圖片。

`sizes="..."`

設定不同斷點的圖片大小。

srcset 和 sizes 兩個屬性主要是用來製作響應式圖片 (responsive image),有關如何進行響應式網頁設計 (RWD,Responsive Web Design),我們會在第 16 章做介紹。

圖片的網址與替代文字

\<img>

在這個例子中，我們使用 \<img> 元素的 **src="*url*"** 屬性將圖片的網址設定為相同資料夾裡面的圖檔 osaka4.jpg。

此外，我們還使用 **title="…"** 和 **alt="…"** 兩個屬性將圖片的提示文字與替代文字設定為「伊根舟屋」。

替代文字除了能夠提供資訊給螢幕閱讀器之外，亦有助於搜尋引擎優化，增加圖片和網頁被搜尋引擎找到的機率。

當指標移到圖片時，會顯示提示文字；當圖片下載失敗時（例如找不到圖檔），會顯示替代文字。

\Ch05\img1.html

```
<body>
  <img src="osaka4.jpg" title="伊根舟屋" alt="伊根舟屋">
</body>
```

❶ 提示文字

❷ 替代文字

圖片的寬度與高度

\Ch05\img2.html

```
<body>
  <p><img src="osaka3.jpg" width="80%"></p>
  <p><img src="osaka3.jpg" width="200"></p>
  <p><img src="osaka3.jpg" width="200" height="50"></p>
</body>
```

<img>

我們可以使用 <img> 元素的 **width="n"** 和 **height="n"** 兩個屬性設定圖片的寬度與高度。

若沒有設定寬度與高度,那麼瀏覽器會以圖片的原始大小來顯示。若設定的寬度或高度不符合原始比例,圖片就會變形。

在這個例子中,第一張圖片的寬度為視窗寬度的 80%,會自動隨著視窗寬度縮放;第二張圖片的寬度為 200 像素,高度則依照原始比例;第三張圖片的寬度為 200 像素、高度為 50 像素,看起來有點變形。

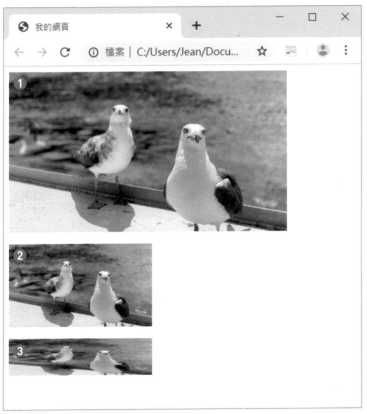

❶ 寬度為視窗寬度的 80%

❷ 寬度為 200 像素

❸ 寬度為 200 像素、高度為 50 像素

圖片超連結

圖片超連結的製作方式很簡單，只要使用 <img> 元素搭配 <a> 元素即可。

在這個例子中，我們將 <a> 元素的 href 屬性設定為 osaka4.jpg，令使用者一點取圖片，就在目前視窗開啟原始圖片，當然您也可以將 href 屬性設定為其它網頁或檔案。

由於 <img> 和 <a> 兩個元素均屬於行內層級（inline level），它們的內容在瀏覽畫面中不會另起一行，因此，我們將這兩個元素放在 <p> 元素裡面，以保持適當的段距，讓畫面更美觀。

\Ch05\img3.html

```
<body>
  <p><a href="osaka4.jpg"><img src="osaka4.jpg"
    width="200"></a></p>
  <p>伊根舟屋位於日本京都北邊丹後半島…。</p>
</body>
```

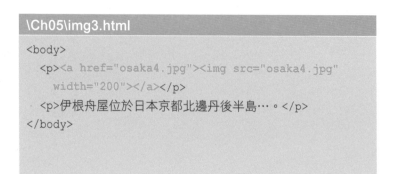

❶ 點取圖片超連結　　❷ 開啟原始圖片

標註圖片與說明

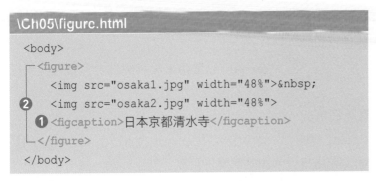

日本京都清水寺

❶ 使用 <figcaption> 元素設定兩張圖片的說明

❷ 使用 <figure> 元素將兩張圖片和說明標註在一起

❸ 瀏覽結果

<figure>
<figcaption>

我們可以使用 **<figure>** 元素將圖片、表格、程式碼等能夠從主要內容抽離的區塊標註出來,同時可以使用 **<figcaption>** 元素針對 <figure> 元素的內容設定說明。

<figure> 元素所標註的區塊不會影響主要內容的閱讀動線,而且可以移到附錄、網頁的一側或其它專屬的網頁。

在這個例子中,我們使用 <figure> 元素將兩張圖片和 <figcaption> 元素所設定的說明標註在一起。

影像地圖

影像地圖（imagemap）指的是將一張圖片劃分成不同的區域，令每個區域連結到不同的位置或網頁。

舉例來說，我們可以將一張風景區圖片的每個景點設定為不同的**熱點**（hot spot），當使用者點取熱點時，就會連結到該景點的介紹。

影像地圖又分為「伺服器端」和「用戶端」兩種類型，差別在於由伺服器或瀏覽器來決定熱點所連結的網頁。

\<map\>

建立用戶端影像地圖會用到 \<map\> 和 \<area\> 兩個元素，其中 **\<map\>** 元素用來設定影像地圖，常見的屬性如下：

name="..."
設定影像地圖的名稱，當我們使用 \<img\> 元素設定圖片與影像地圖的關聯時，其 usemap 屬性必須和 \<map\> 元素的 name 屬性符合。

\<area\>

\<area\> 元素用來設定熱點，它沒有結束標籤，常見的屬性如下：

shape="{default, circle, rect, poly}"
設定熱點的形狀（整個範圍、圓形、矩形、多邊形）。

coords="x1, y1, x2, y2, ..., xn, yn"
設定熱點的座標。

alt="..."
設定熱點的替代文字。

href="url"
設定熱點所連結的網頁。

nohref
設定熱點沒有連結到任何網頁。

target="..."
設定開啟熱點的方式，用法和 \<a\> 元素的 target 屬性相同。

現在,我們就來示範如何製作影像地圖。

首先,選擇一套影像處理軟體來繪製要做為影像地圖的圖片,然後定義熱點,HTML 支援**圓形**(circle)、**矩形**(rectangle)和**多邊形**(polygon)等三種熱點形狀。

圓形熱點

在影像處理軟體中開啟圖片,然後將指標移到要做為圓心的位置,先記錄其座標,再決定半徑(以像素為單位)。

以下圖的圓形熱點為例,其圓心座標為 (173, 152),半徑為 34。

矩形熱點

在影像處理軟體中開啟圖片,畫出矩形熱點的範圍,然後將指標移到矩形的左上角及右下角,再記錄其座標。

以下圖的矩形熱點為例,其左上角座標為 (42, 159),右下角座標為 (110, 227)。

多邊形熱點

在影像處理軟體中開啟圖片,畫出多邊形熱點,然後將指標移到多邊形的各個角點,再依順時鐘或逆時鐘方向記錄其座標。

以下圖的多邊形熱點為例,其四個角點座標依順時鐘方向為 (338, 106)、(396, 125)、(400, 200)、(300, 185)。

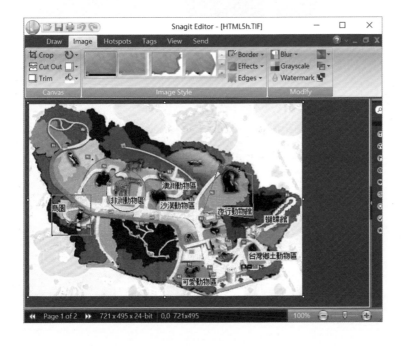

決定好熱點的形狀與座標後,我們可以撰寫如下程式碼,將圓形(非洲動物區)、矩形(鳥園)、多邊形(夜行動物館)等三個熱點連結到 africa.html、bird.html、night.html,屆時只要點取熱點,就可以開啟對應的網頁。

❶ 設定影像地圖的名稱

❷ 設定圓形熱點

❸ 設定矩形熱點

❹ 設定多邊形熱點

❺ 設定其它地方沒有連結

❻ 嵌入圖片並設定所要使用的影像地圖

❼ 點取影像地圖的熱點

❽ 開啟熱點所連結的網頁

\Ch05\zoo.html

```
  <map name="taipei_zoo">
❷  <area shape="circle" coords="173, 152, 34" href="africa.html" alt="非洲動物區">
❸  <area shape="rect" coords="42, 159, 110, 227" href="bird.html" alt="鳥園">
❶❹  <area shape="poly" coords="338, 106, 396, 125, 400, 200, 300, 185"
        href="night.html" alt="夜行動物館">
❺  <area shape="default" nohref>
  </map>
❻ <img src="zoo.jpg" alt="木柵動物園遊園地圖" usemap="#taipei_zoo">
```

檢查網頁的圖片

觀摩一些設計精美的網站，從中了解別人如何挑選圖片，如何設計網站的色彩配置與整體氛圍，絕對是增進自己功力的好主意。

您可以在瀏覽到的圖片按一下滑鼠右鍵，就會出現功能表，裡面有數個選項。

若要查看圖片的原始碼，可以選取 [檢查]，就會在開發人員工具中顯示相關的原始碼，您可以藉此學習別人如何嵌入圖片。

若要下載圖片，可以選取 [另存圖檔]，不過，請注意版權問題，切勿隨意使用從網路下載的圖片。

故宮精選典藏

翠玉白菜（**19世紀·翠玉雕刻**）

《翠玉白菜》是故宮博物院珍藏的玉器雕刻，長18.7公分，寬9.1公分，厚5.07公分，與「毛公鼎」、「肉形石」並列合稱「故宮三寶」。事實上，故宮博物院珍藏了三顆翠玉白菜，但以此圖片中的最為人熟知。

肉形石（**17世紀·瑪瑙製成**）

《肉形石》是故宮博物院珍藏的國寶之一，原是清朝的宮廷珍玩，工匠將一塊自然生成的瑪瑙表面染色，製作成層次分明、毛孔肌理逼真的藝品，高6.6公分，長7.9公分，遠遠望去外觀就像一塊東坡肉，因而稱為肉形石。

毛公鼎（**西元前771年·青銅製成**）

《毛公鼎》是西周宣王年間鑄造的青銅鼎，深27.2公分，口徑47公分，重34.700公斤，腹內鑄銘32行500字，不僅是舉世最長的銘文，其書法也是金文中最高等級。傳於清道光年間在陝西出土，經多次轉手秘藏，後隨故宮文物渡海來台。

範例

這個例子介紹了知名的故宮文物，網頁主體是一些標題、圖片、介紹文字和水平線，主要的技巧在於使用 CSS 設定圖片和水平線的樣式，您可以先簡略看過，我們會在第 9 ~ 15 章介紹 CSS 語法。

```
\Ch05\npm.html
<!DOCTYPE html>
<html>
  <head>
    <meta charset="utf-8">
    <title>範例</title>
    <style>
    ❶ img {width: 30%; float: right; padding: 10px;}
    ❷ hr {clear: both;}
    </style>
  </head>
  <body>
    <h1>故宮精選典藏</h1>
    <img src="art1.jpg" alt="翠玉白菜">
    <h2>翠玉白菜<small>（19世紀&middot;翠玉雕刻）</small></h2>
    <p>《翠玉白菜》是故宮博物院珍藏的玉器雕刻，…。</p>
    <hr>
    <img src="art2.jpg" alt="肉形石">
    <h2>肉形石<small>（17世紀&middot;瑪瑙製成）</small></h2>
    <p>《肉形石》是故宮博物院珍藏的國寶之一，…。</p>
    <hr>
    <img src="art3.jpg" alt="毛公鼎">
    <h2>毛公鼎<small>（西元前771年&middot;青銅製成）</small></h2>
    <p>《毛公鼎》是西周宣王年間鑄造的青銅鼎，…。</p>
  </body>
</html>
```

❶ 使用 CSS 設定圖片的寬度、靠右文繞圖和留白

❷ 使用 CSS 解除水平線的文繞圖

表格

對於一些像班級課表、運動賽程表、火車時刻表、電視節目表、九九乘法表等資訊，就很適合以表格的形式來呈現。**表格** (table) 是由**列** (row) 與**行** (column) 所組成，橫的為列，直的為行，而表格裡面的一個格子稱為**儲存格** (cell)。

在本章中，您將學會：

- ◆　建立表格
- ◆　標示表格的標題
- ◆　合併儲存格（跨列或跨行）
- ◆　標示表格的表頭、主體與表尾
- ◆　直行式表格

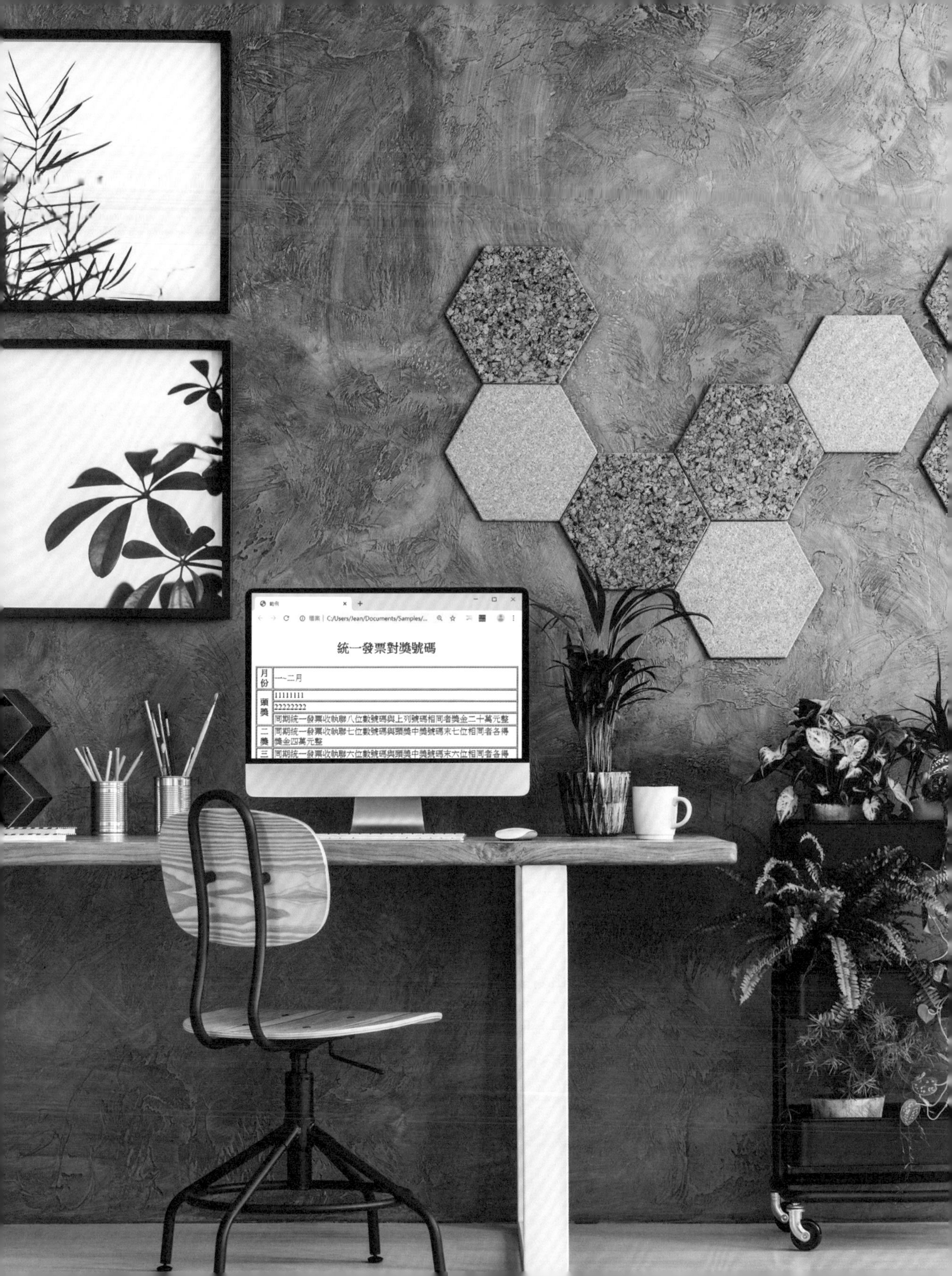

範例
檔案 | C:/Users/Jean/Documents/Samples/...
統一發票對獎號碼
月份
一~二月
頭獎
11111111
22222222
同期統一發票收執聯八位數號碼與上列號碼相同者獎金二十萬元整
二獎
同期統一發票收執聯七位數號碼與頭獎中獎號碼末七位相同者各得獎金四萬元整
三
同期統一發票收執聯六位數號碼與頭獎中獎號碼末六位相同者各得

建立表格

<table>

<table> 元素用來標示表格，若要設定表格的框線大小，可以加上 **border="n"** 屬性，其中 n 為像素數。

<tr>

<tr> 元素用來在表格中標示一列。

<td>

<td> 元素用來在一列中標示一個儲存格。

在這個例子中，為了讓您清楚看到表格，我們刻意將表格的框線設定為 1 像素。

有關表格的寬度、框線、色彩、對齊等樣式，可以使用 CSS 來設定。

```
\Ch06\table1.html
<table border="1">
  <tr>
    <td>國文</td>
    <td>英文</td>
    <td>自然</td>
  </tr>
  <tr>
    <td>國文</td>
    <td>數學</td>
    <td>數學</td>
  </tr>
</table>
```

❶ 使用 <table> 元素標示表格

❷ 使用 <tr> 元素標示第一列

❸ 使用 <tr> 元素標示第二列

❹ 在第一列使用三個 <td> 元素標示三個儲存格

❺ 在第二列使用三個 <td> 元素標示三個儲存格

標題儲存格

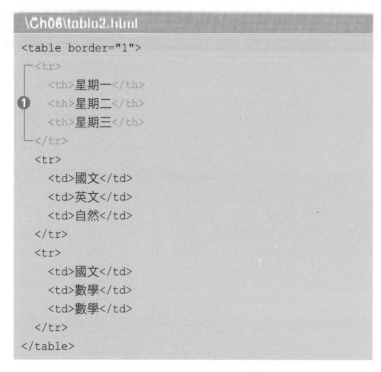

```
\Ch06\table2.html
<table border="1">
  <tr>
    <th>星期一</th>
    <th>星期二</th>
    <th>星期三</th>
  </tr>
  <tr>
    <td>國文</td>
    <td>英文</td>
    <td>自然</td>
  </tr>
  <tr>
    <td>國文</td>
    <td>數學</td>
    <td>數學</td>
  </tr>
</table>
```

❶ 在表格中新增一列並加入三個標題儲存格

❷ 瀏覽器通常會以粗體來顯示標題儲存格

\<th\>

\<th\> 元素用來在一列中標示標題儲存格，瀏覽器通常會以粗體來顯示 \<th\> 元素的內容。

若要設定標題儲存格是列的標題，可以加上 **scope="row"** 屬性；相反的，若要設定標題儲存格是行的標題，可以加上 **scope="col"** 屬性。

在這個例子中，我們承襲 table1.html 的表格，先在表格中使用 \<tr\> 元素新增一列，然後在此列中使用三個 \<th\> 元素標示三個標題儲存格。

這是另一個例子，我們承襲 table1.html 的表格，先在表格中使用 <tr> 元素新增一列，然後在此列中使用四個 <th> 元素標示四個標題儲存格，而且第一個是空白的（不能省略），其它三個則是星期一、星期二和星期三。

同時我們也在第二列和第三列各自使用一個 <th> 元素標示兩個標題儲存格，用來顯示 8:00-8:50 和 9:00-9:50 兩個時段。

\Ch06\table3.html

```html
<table border="1">
  <tr>
    <th></th>
    <th scope="col">星期一</th>
    <th scope="col">星期二</th>
    <th scope="col">星期三</th>
  </tr>
  <tr>
    <th scope="row">8:00-8:50</th>
    <td>國文</td>
    <td>英文</td>
    <td>自然</td>
  </tr>
  <tr>
    <th scope="row">9:00-9:50</th>
    <td>國文</td>
    <td>數學</td>
    <td>數學</td>
  </tr>
</table>
```

表格的標題

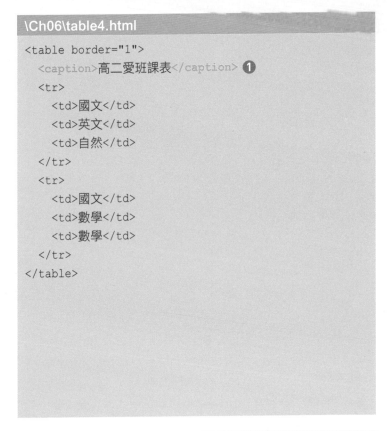

```
\Ch06\table4.html
<table border="1">
  <caption>高二愛班課表</caption> ❶
  <tr>
    <td>國文</td>
    <td>英文</td>
    <td>自然</td>
  </tr>
  <tr>
    <td>國文</td>
    <td>數學</td>
    <td>數學</td>
  </tr>
</table>
```

\<caption\>

\<caption\> 元素用來標示表格的標題,該標題可以是文字或圖片(搭配 \<img\> 元素)。

在這個例子中,我們承襲 table1.html 的表格,在表格中使用 \<caption\> 元素標示表格的標題,瀏覽器通常會將標題顯示在表格上方。

❶ 使用 \<caption\> 元素標示表格的標題

❷ 瀏覽器通常會將標題顯示在表格上方

合併儲存格（跨列）

有時我們需要將某幾列的儲存格合併成一個儲存格，達到跨列的效果，此時可以使用 \<td\> 或 \<th\> 元素的 **rowspan="*n*"** 屬性，其中 *n* 為列數。

在這個例子中，我們承襲 table2.html 的表格，由於第一行有兩個國文，我們可以將兩者跨列合併，所以先在第一個國文加上 rowspan="2" 屬性，表示要跨列合併兩個儲存格，然後刪除第二個國文即可。

```
\Ch06\table5.html

<table border="1">
  <tr>
    <th>星期一</th>
    <th>星期二</th>
    <th>星期三</th>
  </tr>
  <tr>
    <td rowspan="2">國文</td>    ❶
    <td>英文</td>
    <td>自然</td>
  </tr>
  <tr>
    <td>數學</td>
    <td>數學</td>
  </tr>
</table>
```

❶ 在第一個國文加上此屬性並刪除第二個國文

❷ 成功將兩個國文合併在一起

合併儲存格（跨行）

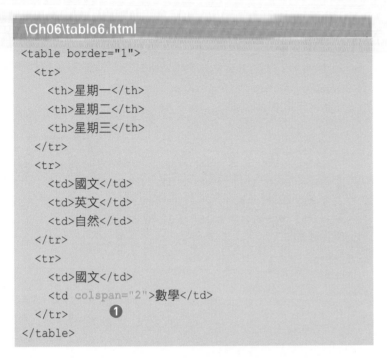

```
\Ch06\tablo6.html
<table border="1">
  <tr>
    <th>星期一</th>
    <th>星期二</th>
    <th>星期三</th>
  </tr>
  <tr>
    <td>國文</td>
    <td>英文</td>
    <td>自然</td>
  </tr>
  <tr>
    <td>國文</td>
    <td colspan="2">數學</td>     ❶
  </tr>
</table>
```

有時我們需要將某幾行的儲存格合併成一個儲存格，達到跨行的效果，此時可以使用 <td> 或 <th> 元素的 **colspan="n"** 屬性，其中 n 為行數。

在這個例子中，我們承襲 table2.html 的表格，由於第三列有兩個數學，我們可以將兩者跨行合併，所以先在第一個數學加上 colspan="2" 屬性，表示要跨行合併兩個儲存格，然後刪除第二個數學即可。

❶ 在第一個數學加上此屬性並刪除第二個數學

❷ 成功將兩個數學合併在一起

表格的表頭、主體與表尾

有些表格的第一列、主內容與最後一列會提供不同的資訊,此時可以使用 <thead>、<tbody>、<tfoot> 等三個元素將它們區隔出來。

<thead>

<thead> 元素用來標示表格的表頭,也就是第一列的標題列。

<tbody>

<tbody> 元素用來標示表格的主體,也就是表格的主內容。

<tfoot>

<tfoot> 元素用來標示表格的表尾,也就是最後一列的註腳。

```
\Ch06\star1.html
<!DOCTYPE html>
<html>
  <head>
    <meta charset="utf-8">
    <title>我的網頁</title>
    <style>
      table {border: 1px solid gray; border-collapse: collapse;}
      thead, tfoot {background-color: lavender;}
      tbody {background-color: lightyellow;}
      th, td {border:1px solid gray; padding: 5px;}
    </style>
  </head>
<body>
  <table>
    <thead>
      <tr>
        <th>星座</th>
        <th>生日</th>
        <th>星座花</th>
      </tr>
    </thead>
    <tboby>
      <tr>
        <td>水瓶座</td>
        <td>1/21-2/19</td>
        <td>瑪格麗特</td>
      </tr>
      ...
      <tr>
        <td>魔羯座</td>
        <td>12/22-1/20</td>
        <td>滿天星</td>
      </tr>
    </tbody>
```

❶ ❷ ❸

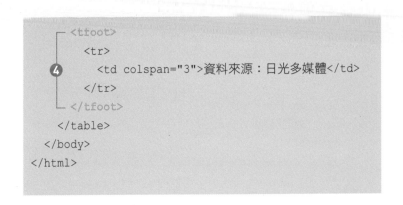

```
        <tfoot>
          <tr>
            <td colspan="3">資料來源：日光多媒體</td>
          </tr>
        </tfoot>
      </table>
    </body>
</html>
```

④

在軸上，當表格的長度超過一頁時，為了方便閱讀，應該要重複顯示表頭和表尾，不過，瀏覽器尚未實作此功能。

在這個例子中，為了讓您清楚看到表格的表頭、主體與表尾，我們使用 CSS 設定表格的框線、背景色彩、留白等樣式，您可以先簡略看過。

❶ 使用 CSS 設定表格的樣式

❷ <thead> 到 </thead> 之間的內容為表頭

❸ <tbody> 到 </tbody> 之間的內容為主體

❹ <tfoot> 到 </tfoot> 之間的內容為表尾

星座	生日	星座花
水瓶座	1/21-2/19	瑪格麗特
雙魚座	2/20-3/20	鬱金香
牡羊座	3/21-4/20	木堇
金牛座	4/21-5/21	矮牽牛
雙子座	5/22-6/21	玫瑰
巨蟹座	6/22-7/23	洋桔梗
獅子座	7/24-8/23	向日葵
處女座	8/24-9/23	大理花
天秤座	9/24-10/23	波斯菊
天蠍座	10/24-11/22	秋海棠
射手座	11/23-12/21	蝴蝶蘭
魔羯座	12/22-1/20	滿天星
資料來源：日光多媒體		

直行式表格

截至目前，我們的討論都是針對表格的「列」，例如在 star1.html 中，我們將標題列的背景色彩設定為薰衣草紫。若要改成針對表格的「行」來做設定，該怎麼辦呢？此時可以使用 <colgroup> 和 <col> 兩個元素。

<colgroup>

<colgroup> 元素用來標示表格中的一組直行。

<col>

<col> 元素用來標示表格中的一個直行，它沒有結束標籤，必須與 <colgroup> 元素合併使用。

\Ch06\star2.html

```
<!DOCTYPE html>
<html>
  <head>
    <meta charset="utf-8">
    <title>我的網頁</title>
    <style>
      table {border: 1px solid gray; border-collapse: collapse;}
      th, td {border: 1px solid gray; padding: 5px;}
      .style1 {background-color: lavender;}
      .style2 {background-color: lightyellow;}
    </style>
  </head>
  <body>
    <table>
      <colgroup>
        <col class="style1"> ❸
        <col span="2" class="style2"> ❹
      </colgroup>
      <tr>
        <th>星座</th>
        <th>生日</th>
        <th>星座花</th>
      </tr>
      <tr>
        <td>水瓶座</td>
        <td>1/21-2/19</td>
        <td>瑪格麗特</td>
      </tr>
      <tr>
        <td>雙魚座</td>
        <td>2/20-3/20</td>
        <td>鬱金香</td>
      </tr>
      ...
```

❶ ❷

```
        <tr>
          <td>魔羯座</td>
          <td>12/22-1/20</td>
          <td>滿天星</td>
        </tr>
      </table>
   </body>
</html>
```

星座	生日	星座花
水瓶座	1/21-2/19	瑪格麗特
雙魚座	2/20-3/20	鬱金香
牡羊座	3/21-4/20	木菫
金牛座	4/21-5/21	矮牽牛
雙子座	5/22-6/21	玫瑰
巨蟹座	6/22-7/23	洋桔梗
獅子座	7/24-8/23	向日葵
處女座	8/24-9/23	大理花
天秤座	9/24-10/23	波斯菊
天蠍座	10/24-11/22	秋海棠
射手座	11/23-12/21	蝴蝶蘭
魔羯座	12/22-1/20	滿天星

<col> 元素常見的屬性有 span="n" 表示將連續的 n 行視為一個直行。

在這個例子中,由於我們想要將第一行設定為薰衣草紫,第二、三行設定為淺黃色,於是在 <colgroup> 元素裡面放了兩個 <col> 元素,分別代表第一行和第二、三行,然後將它們的 class 屬性設定為 style1、style2,這樣就能利用 CSS 設定不同的背景色彩。

❶ 使用 CSS 設定表格的樣式
❷ 使用 <colgroup> 元素標示一組直行
❸ 使用 <col> 元素標示第一個直行
❹ 使用 <col> 元素標示第二個直行,該直行涵蓋連續兩行

統一發票對獎號碼

月份	一~二月
頭獎	11111111
	22222222
	同期統一發票收執聯八位數號碼與上列號碼相同者獎金二十萬元整
二獎	同期統一發票收執聯七位數號碼與頭獎中獎號碼末七位相同者各得獎金四萬元整
三獎	同期統一發票收執聯六位數號碼與頭獎中獎號碼末六位相同者各得獎金一萬元整

範例

這個例子是以表格列出統一發票對獎號碼，一開始先使用 <caption> 元素標示表格的標題，然後使用 <tr>、<th>、<td> 等元素標示表格的列、標題儲存格和一般儲存格，其中第二列還使用 rowspan="3" 屬性合併儲存格（跨列）。

```
\Ch06\number.html
<table border="1">
  <caption><h2>統一發票對獎號碼</h2></caption>
  <tr>
    <th>月份</th>
    <td>一~二月</td>
  </tr>
  <tr>
    <th rowspan="3">頭獎</th>
    <td>11111111</td>
  </tr>
  <tr>
    <td>22222222</td>
  </tr>
  <tr>
    <td>同期統一發票收執聯八位數號碼與上列號碼相同者獎金二十萬元整</td>
  </tr>
  <tr>
    <th>二獎</th>
    <td>同期統一發票收執聯七位數號碼與頭獎中獎號碼末七位相同者…</td>
  </tr>
  <tr>
    <th>三獎</th>
    <td>同期統一發票收執聯六位數號碼與頭獎中獎號碼末六位相同者…</td>
  </tr>
</table>
```

影音多媒體

除了文字與圖片之外，也有許多人會在網頁上放置影片、聲音、JavaScript 程式碼、PDF 檔、YouTube 影片 或 Google 地圖，讓網頁的內容更加多元化。

在本章中，您將學會：

◆　嵌入影片與聲音

◆　設定影音檔案的來源

◆　嵌入物件

◆　嵌入浮動框架

◆　嵌入 YouTube 影片與地圖

◆　嵌入 Script

Remember
Mommy loves you!

Swim the ocean!

Mommy loves you!

RS
Mommy loves you!

嵌入影片

\<video>

和前幾版的 HTML 比起來，HTML5 最大的突破之一就是新增 \<video> 和 \<audio> 兩個元素，以及相關的 API，進而賦予瀏覽器原生能力來播放影片與聲音，不再需要依賴 Windows Media Player、QuickTime、Flash、RealPlayer 等外掛程式。

\<video> 元素提供了在網頁上嵌入影片的標準方式，常見的屬性如下：

src="*url*"
設定影片的網址。

controls
設定要顯示瀏覽器內建的控制面板。

autoplay
設定在載入網頁時自動播放影片。

muted
設定影片為靜音。

loop
設定重複播放影片。

poster="*url*"
設定在影片下載完畢之前或播放之前所顯示的第一個畫格。

preload="{none, metadata, auto}"
設定是否要在載入網頁的同時將影片預先下載到緩衝區，none 表示否；metadata 表示要先取得影片的資料，例如畫格尺寸、片長、目錄、第一個畫格等，但不要預先下載影片的內容；auto 表示由瀏覽器決定是否要預先下載影片，例如 PC 瀏覽器可能會預先下載影片，而行動瀏覽器可能礙於頻寬有限，而不會預先下載影片。

width="*n*"
設定影片的寬度（n 為像素數，預設為 300 像素）。

height="*n*"
設定影片的高度（n 為像素數，預設為 150 像素）。

crossorigin="..."
設定元素如何處理跨文件存取要求。

```
\Ch07\video1.html

<body>
  <video src="bird.mp4" width="550" autoplay controls
    muted loop></video>   ❶
</body>
```

在這個例子中，我們使用 <video> 元素的 **src="url"** 和 **width="n"** 兩個屬性將影片的網址設定為 bird.mp4，寬度為 550 像素。

同時我們也加上 **autoplay**、**controls**、**muted**、**loop** 等屬性，在載入網頁時自動播放影片並顯示控制面板，一開始播放時為靜音模式，但使用者可以透過控制面板開啟聲音，播放完畢之後會重複播放。

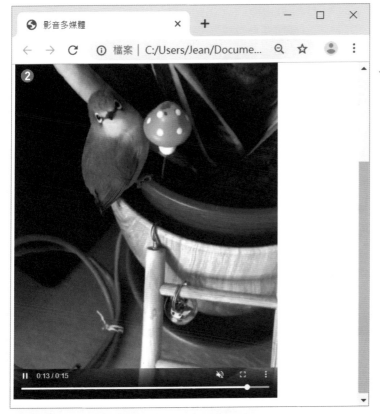

❶ 使用 <video> 元素嵌入影片，此例為 bird.mp4

❷ 在載入網頁時自動播放影片並顯示控制面板

在影片下載完畢之前或播放之前，預設會顯示第一個畫格，但該畫格卻不見得具有任何意義，而 **poster="*url*"** 屬性可以用來設定此時所要顯示的畫面，例如電影海報、光碟封面等。

在這個例子中，我們將影片播放之前的畫面設定為 bird.jpg。

HTML5 支援的視訊格式有 **H.264/MPEG-4**（*.mp4、*.m4v）、**Ogg Theora**（*.ogv）、**WebM**（*.webm）等，主要瀏覽器的支援情況如下。

\Ch07\video2.html

```
<body>
  <video src="bird.mp4" width="550" controls
    poster="bird.jpg"></video>
</body>
```

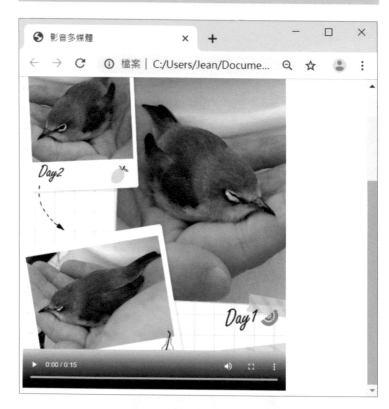

	Chrome	Opera	Firefox	Edge	Safari
H.264/MPEG-4	Yes	Yes	Yes	Yes	Yes
Ogg Theora	Yes	Yes	Yes	Yes	No
WebM	Yes	Yes	Yes	Yes	No

嵌入聲音

\Ch07\audio1.html

```
<body>
  <audio src="song.mp3" controls></audio> ❶
</body>
```

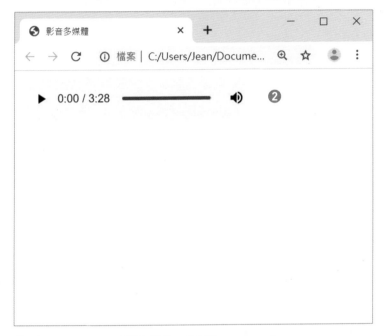

❶ 使用 <audio> 元素嵌入聲音，此例為 song.mp3

❷ 顯示控制面板，按下播放鍵即可開始播放

<audio>

<audio> 元素提供了在網頁上嵌入聲音的標準方式，常見的屬性有 src、preload、autoplay、loop、muted、controls、crossorigin 等，用法和 <video> 元素類似。

HTML5 支援的音訊格式有 **MP3**（.mp3、.m3u）、**AAC**（.aac、.mp4、.m4a）、**Ogg Vorbis**（*.ogg）等，主要瀏覽器的支援情況如下。

	Chrome	Opera	Firefox	Edge	Safari
MP3	Yes	Yes	Yes	Yes	Yes
AAC	Yes	Yes	Yes	Yes	Yes
Ogg Vorbis	Yes	Yes	Yes	Yes	No

設定影音檔案的來源

<source>

<source> 元素用來設定影音檔案的來源，常見的屬性如下：

src="*url*"
設定影音檔案的網址。

type="*content-type*"
設定影音檔案的內容類型。

在這個例子中，我們準備兩種格式的影片，然後在 <video> 元素裡面使用兩個 <source> 元素設定影片的來源。

瀏覽器會先試著播放 bird.mp4，若無法播放，就換播放 bird.ogv，若還是無法播放，就顯示指定的訊息。

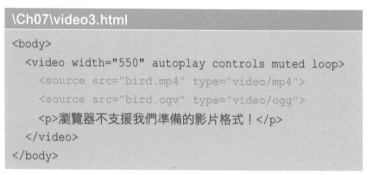

```
\Ch07\video3.html

<body>
  <video width="550" autoplay controls muted loop>
    <source src="bird.mp4" type="video/mp4">
    <source src="bird.ogv" type="video/ogg">
    <p>瀏覽器不支援我們準備的影片格式！</p>
  </video>
</body>
```

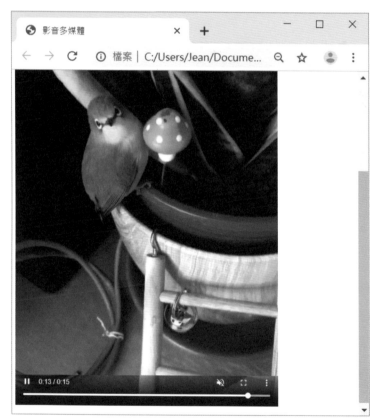

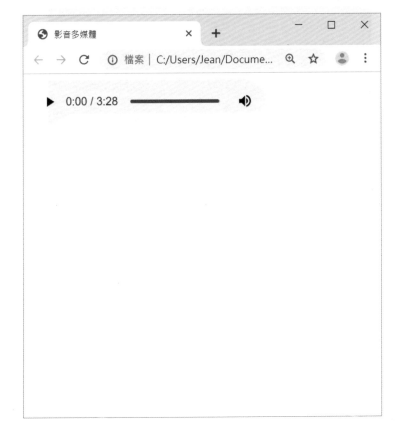

```
\Ch07\audio2.html
<body>
  <audio controls>
    <source src="song.mp3" type="audio/mpeg">
    <source src="song.ogg" type="audio/ogg">
    <p>瀏覽器不支援我們準備的聲音格式！</p>
  </audio>
</body>
```

由於不同瀏覽器針對 <video> 或 <audio> 元素所支援的影音檔案格式並不完全相同，因此，我們可以準備不同格式的檔案，然後在 <video> 或 <audio> 元素裡面使用 <source> 元素設定影音檔案的來源。之所以不使用 src 屬性，主要是因為該屬性只能設定一個來源。

這是另一個例子，我們在 <audio> 元素裡面使用兩個 <source> 元素設定聲音的來源。

瀏覽器會先試著播放 song.mp3，若無法播放，就換播放 song.ogg，若還是無法播放，就顯示指定的訊息。

嵌入物件

<object>

若影音檔案不是 <video> 或 <audio> 元素原生支援的格式，例如 WAV 聲音、AVI 影片，那麼可以使用 **<object>** 元素嵌入影片、聲音或瀏覽器所支援的其它物件。<object> 元素常見的屬性如下：

data="*url*"
設定物件資料的網址。

type="*content-type*"
設定物件的內容類型。

width="*n*"
設定物件的寬度（*n* 為像素數）。

height="*n*"
設定物件的高度（*n* 為像素數）。

```
\Ch07\object1.html
<body>
  <object data="nana.wav" type="audio/wav"></object>
</body>
```

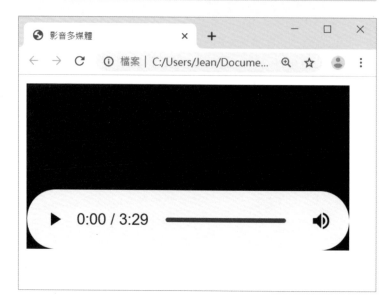

在這個例子中，我們使用 <object> 元素嵌入一個 WAV 聲音 (nana.wav)，瀏覽結果會顯示控制面板，只要按下播放鍵，就會開始播放音樂。

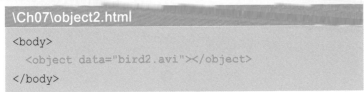

```
\Ch07\object2.html
<body>
  <object data="bird2.avi"></object>
</body>
```

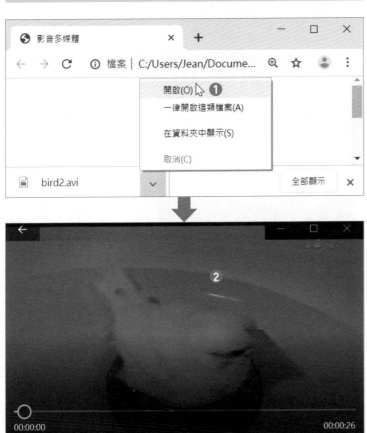

① 點取 [開啟]

② 啟動播放程式開始播放影片

這是另一個例子，我們使用 <object> 元素嵌入一個 AVI 影片 (bird2.avi)。

瀏覽器會先下載影片，只要點取 **[開啟]**，就會啟動播放程式開始播放影片。

請注意，<object> 元素只負責將物件資料配置到網頁上，至於能否正確播放則取決於瀏覽器的支援程度，以 Flash 動畫為例，瀏覽器必須有安裝 Flash 外掛程式才能加以播放。

嵌入浮動框架

<iframe>

我們可以使用 **<iframe>** 元素嵌入浮動框架，常見的屬性如下：

src="*url*"
設定來源網頁的網址。

scrolling="{yes, no}"
設定是否顯示捲軸。

frameborder="{1, 0}"
設定是否顯示框線。

width="*n*"
設定浮動框架的寬度（*n* 為像素數或視窗寬度比例）。

height="*n*"
設定浮動框架的高度（*n* 為像素數或視窗高度比例）。

allowfullscreen
允許全螢幕顯示。

```
\Ch07\iframe1.html
<body>
  <iframe src="video1.html" width="600"
    height="800"></iframe> ❶
</body>
```

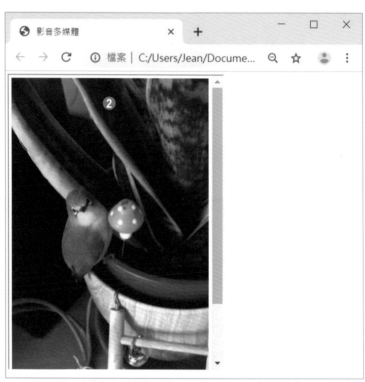

❶ 將浮動框架的來源網頁設定為 video1.html

❷ 成功在浮動框架開啟網頁

嵌入 YouTube 影片

我們可以在網頁上嵌入 YouTube 影片，操作步驟如下：

1. 以瀏覽器開啟 YouTube 並找到影片，然後在影片按一下滑鼠右鍵，選取**[複製嵌入程式碼]**。

```
<body>
  <iframe width="1105" height="622"
    src="https://www.youtube.com/embed/SBLzyjkc7uk"
    frameborder="0" allowfullscreen></iframe>
</body>
```

2. 將複製的程式碼貼到 HTML 文件，這是一個浮動框架。

3. 儲存並瀏覽網頁，已經成功在網頁上嵌入 YouTube 影片。

嵌入 Google 地圖

我們可以在網頁上嵌入 Google 地圖，操作步驟如下：

1. 以瀏覽器開啟 Google 地圖並找到地點，例如台北晶華酒店，然後按一下 [**分享**]。

2. 點取 [**嵌入地圖**]。

3. 點取網頁右上方的 [**複製 HTML**]。

```
<body>
  <iframe src="https://www.google.com/maps/
  embed?pb=!1m18!1m12!1m3!1d3614.4058175
  33229!2d121.52200531471425!3d25.054230983
  96286!2m3!1f0!2f0!3f0!3m2!1i1024!2i768!4f13.1!
  3m3!1m2!1s0x3442a968f68729e7%3A0x6e3f6d
  2374968eaa!2z5Y-w5YyX5pm26I-v6YWS5bqXIFJ
  1Z2VudCBUYWlwZWk!5e0!3m2!1szh-TW!2stw!4
  v1565757270669!5m2!1szh-TW!2stw" width="600"
  height="450" frameborder="0" style="border:0"
  allowfullscreen></iframe>
</body>
```

4. 將複製的程式碼貼到 HTML 文件，這是一個浮動框架，裡面有一長串的地理位置資訊，簡略看過即可。

5. 儲存並瀏覽網頁，已經成功在網頁上嵌入 Google 地圖。

嵌入 Script

<script>
<noscript>

<script> 元素用來在 HTML 文件中嵌入瀏覽器端 Script，常見的屬性如下：

src="*url*"
設定 Script 的網址。

type="*content-type*"
設定 Script 的內容類型，省略不寫的話表示 type="text/javascript"。

至於 **<noscript>** 元素則是用來針對不支援 Script 的瀏覽器設定顯示的內容。

```
\Ch07\jscript1.html
<body>
 ┌<script>
❶    window.alert('Hello, world!');
 └</script>
 ┌<noscript>
❷    <p>無法使用JavaScript！</p>
 └</noscript>
</body>
```

❶ 使用 <script> 元素嵌入 JavaScript 程式碼，此例會在對話方塊中顯示 Hello, world!

❷ 若瀏覽器不支援 Script，就顯示 <noscript> 元素的內容

```
\Ch07\hello.js
window.alert('Hello, world!');  ❶
```

```
\Ch07\jscript2.html
<body>                    ❷
  <script src="hello.js"></script>
  <noscript>
    <p>無法使用JavaScript！</p>
  </noscript>
</body>
```

除了直接將 JavaScript 程式碼寫在 HTML 文件中，我們也可以將 JavaScript 程式碼儲存在外部檔案，然後在 HTML 文件中使用 <script> 元素的 **src="url"** 屬性設定 JavaScript 檔案的網址。

在這個例子中，我們改將 JavaScript 程式碼儲存在純文字檔 hello.js，瀏覽結果是相同的。

這種做法的優點是可以將 JavaScript 程式碼和 HTML 原始碼分隔開來，方便後續的維護與管理。

❶ 將 JavaScript 程式碼儲存在外部檔案

❷ 使用 src 屬性設定 JavaScript 檔案的網址

瀏覽器不支援Flash動畫！ ❷

❶ 嵌入 PDF 檔　❷ 嵌入 Flash 動畫

這個例子一開始先使用一個 <object> 元素嵌入 PDF 檔，由於瀏覽器支援 PDF 檔，所以會顯示 PDF 檔的內容，而不會顯示「瀏覽器不支援 PDF 檔！」；接著又使用另一個 <object> 元素嵌入 Flash 動畫，由於瀏覽器不支援 Flash 動畫，所以會顯示「瀏覽器不支援 Flash 動畫！」。

\Ch07\object3.html

```html
<!DOCTYPE html>
<html>
  <head>
    <meta charset="utf-8">
    <title>影音多媒體</title>
  </head>
  <body>
    <object data="company.pdf" type="application/pdf" width="500" height="400">
      <p>瀏覽器不支援PDF檔！</p>
    </object>

    <object data="butterflies2.swf" type="application/x-shockwave-flash"
      width="400" height="400">
      <p>瀏覽器不支援Flash動畫！</p>
    </object>
  </body>
</html>
```

❶ 嵌入 PDF 檔

❷ 嵌入 Flash 動畫

表單

生活中經常可以看到各類表單，例如匯款單、訂購單、問卷調查表等，上面有數個欄位可以用來填寫姓名、日期、金額等資料，而網頁上的表單就像這些表單一樣提供了輸入介面，可以用來蒐集使用者輸入的資料。

在本章中，您將學會：

◆ 表單的運作方式

◆ 在網頁上建立表單，包含單行文字方塊、密碼欄位、提交按鈕、重設按鈕、一般按鈕、圖片提交按鈕、選擇鈕、核取方塊、隱藏欄位、上傳檔案、電子郵件地址、網址、搜尋欄位、電話號碼、數值、指定範圍數值、色彩、日期、時間、本地日期時間、月份、一年的第幾週、多行文字方塊、下拉式清單等欄位

表單 ×

`C:/Users/Jean/Documents/Samples/Ch08/travel...`

┌─ 個人資料 ─────────────────────
│ 姓名：
│ 地址：
└──────────────────────────────

┌─ 行程相關 ─────────────────────
│ 何處得知行程：(可複選) ☐ 公車廣告 ☐ 網站廣告 ☐ Google搜尋
│ 參加本行程是：(單選) ○ 個人旅遊 ○ 蜜月旅遊 ○ 家庭旅遊 ○ 員工旅遊
│   其它需求或建議可以寫在此
│
│ 其它行程建議：
└──────────────────────────────

提交 重設

表單的用途

表單 (form) 可以提供輸入介面讓使用者輸入資料，然後將資料傳回 Web 伺服器做處理，例如高鐵網站就是透過表單提供訂票服務。

表單的建立包含下列兩個部分：

1. 使用 <form>、<input>、<textarea>、<select>、<option> 等元素設計表單的介面。

2. 撰寫表單的處理程式，也就是表單的後端處理，例如將表單資料傳送到 E-mail、寫入資料庫或進行查詢等。

表單常見的應用有 Web 搜尋、線上投票、會員登錄、網路購物、高鐵訂票、線上民調等。

在本章中，我們將示範如何設計表單的介面，至於表單的處理程式因為需要使用到 PHP、ASP/ASP.NET、JSP、CGI 等伺服器端 Script，所以不做進一步的討論，有興趣的讀者可以參閱相關書籍。

常見的表單欄位

表單欄位可以用來讓使用者輸入資料，下面是一些例子。

單行文字方塊

用來輸入單行文字

選擇鈕

用來選擇單一選項

◉ 20　○ 30　○ 40

數值欄位

用來輸入數值

15

多行文字方塊

用來輸入多行文字

下拉式清單

用來選擇一個或多個選項

中華電信
台灣大哥大
遠傳
亞太電信

日期選擇器

用來選擇日期

年 /月/日

2020年12月 ▼

週日	週一	週二	週三	週四	週五	週六
29	30	1	2	3	4	5
6	7	8	9	10	11	12
13	14	15	16	17	18	19
20	21	22	23	24	25	26
27	28	29	30	31	1	2

密碼欄位

用來輸入密碼

••••••••

核取方塊

用來勾選一個或多個選項

☑ hTC　☑ Apple　☐ ASUS

按鈕

用來傳送或清除資料

提交　重新輸入

ASP.NET、JSP、CGI 等伺服
器端 Script 進行後端處理

5. 瀏覽器將處理結果顯示出來

jean您好！

歡迎登入我們的會員系統！

4. 將處理結果傳送給瀏覽器

建立表單

\<form\>

\<form\> 元素用來在 HTML 文件中標示表單，常見的屬性如下：

accept-charset="..."
設定表單資料的字元編碼方式，例如 accept-charset="ISO-8859-1" 表示設定為西歐語系。

autocomplete="{on, off}"
設定是否啟用自動完成功能，on 表示啟用，off 表示關閉。

method="{get, post}"
設定將表單資料傳回 Web 伺服器的方法，預設值為 get。

當 method="get" 時，表單資料會附加在網址後面進行傳送，適合用來傳送少量、不要求安全的資料，例如搜尋關鍵字。

當 method="post" 時，表單資料會透過 HTTP 標頭進行傳送，適合用來傳送大量或要求安全的資料，例如上傳檔案、密碼等。

action="url"
設定表單處理程式的網址，例如 \<form action="handler.php" method="post"\> 是將表單處理程式設定為 handler.php；\<form action="mailto:yu@hotmail.com" method="post"\> 是將表單資料傳送到指定的 E-mail。

enctype="..."
設定將表單資料傳回 Web 伺服器所使用的編碼方式，預設值為 "application/x-www-form-urlencoded"；若允許上傳檔案給 Web 伺服器，則要設定為 "multipart/form-data"；若要將表單資料傳送到 E-mail，則要設定為 "text/plain"。

name="..."
設定表單的名稱。

novalidate
設定在提交表單時不要進行驗證。

target="..."
設定表單處理結果的顯示方式，用法和 \<a\> 元素的 target 屬性相同。

表單輸入元素

<input>

<input> 元素用來在表單中標示輸入欄位或按鈕，它沒有結束標籤，常見的屬性如下：

type="*state*"

設定輸入欄位的類型，如下表。

accept="..."

設定提交檔案時的內容類型，例如 <input type="file" accept="image/jpeg, image/gif">。

autocomplete="{on, off}"

設定是否啟用自動完成功能，on 表示啟用，off 表示關閉。

HTML4.01 提供的 type 屬性值	輸入類型	HTML4.01 提供的 type 屬性值	輸入類型
type="text"	單行文字方塊	type="image"	圖片提交按鈕
type="password"	密碼欄位	type="radio"	選擇鈕
type="submit"	提交按鈕	type="checkbox"	核取方塊
type="reset"	重設按鈕	type="hidden"	隱藏欄位
type="button"	一般按鈕	type="file"	上傳檔案

HTML5 新增的 type 屬性值	輸入類型	HTML5 新增的 type 屬性值	輸入類型
type="email"	電子郵件地址	type="color"	色彩
type="url"	網址	type="date"	日期
type="search"	搜尋欄位	type="time"	時間
type="tel"	電話號碼	type="datetime-local"	本地日期時間
type="number"	數值	type="month"	月份
type="range"	指定範圍數值	type="week"	一年的第幾週

autofocus

在載入網頁時將焦點移到欄位。

checked

將選擇鈕或核取方塊等欄位預設為已選取。

disabled

取消欄位。

name="..."

設定欄位的名稱。

maxlength="*n*"、minlength="*n*"

設定單行文字方塊、密碼欄位、搜尋欄位等
欄位的最多或最少字元數（*n* 為字元數）。

size="*n*"

設定單行文字方塊、密碼欄位、搜尋欄位等
欄位的寬度（*n* 為字元數）。

src="*url*"、alt="..."、
width="*n*"、height="*n*"

設定圖片提交按鈕的網址、替代文字、寬度
與高度。

form="*formid*"

設定欄位隸屬於 id 屬性為 *formid* 的表單。

multiple

允許使用者輸入多個值。

min="*n*"、max="*n*"、step="*n*"

設定數值輸入類型或日期輸入類型的最小
值、最大值和間隔值（*n* 為數值）。

value="..."

設定欄位的初始值。

pattern="..."

設定欄位的輸入格式。

placeholder="..."

設定在欄位中顯示提示文字。

readonly

不允許使用者變更欄位的資料。

required

設定必須在欄位中輸入資料。

單行文字方塊

type="text"

輸入欄位的類型取決於 <input> 元素的 **type="state"** 屬性，單行文字方塊的 type 屬性為 "text"，用來輸入單行的文字敘述，例如姓名、地址、緊急聯絡人、評語、意見等。

為了讓 Web 伺服器知道哪筆資料是對應到哪個輸入欄位，每個輸入欄位都應該要有足以識別的 **name="..."** 屬性。

在這個例子中，我們先使用 <form> 元素建立表單，然後在裡面插入兩個單行文字方塊，其 name 屬性分別為 "username" 和 "useraddr"，同時使用 **size="n"** 屬性將後者的寬度設定為 30 個字元。

```
\Ch08\text.html
<form>
  姓名：<input type="text" name="username"><br>
  地址：<input type="text" name="useraddr" size="30">
</form>
```

即使單行文字方塊的寬度被設定為 30 個字元，使用者仍可以輸入超過 30 個字元，不會受到 size 屬性的限制。

若要設定最多或最少能輸入幾個字元，可以使用 **maxlength="n"** 和 **minlength="n"** 兩個屬性，其中 n 為字元數。

密碼欄位

```
\Ch08\pwd.html
<form>
  密碼：<input type="password" name="pwd"
    placeholder="至少8個字元">
</form>
```

❶ 輸入密碼前會顯示提示文字

❷ 輸入密碼後會顯示成圓點

密碼欄位的 type 屬性為 "password"，它和單行文字方塊類似，只是使用者輸入的資料不會顯示出來，而是顯示成圓點或星號，以免被偷窺。

雖然在螢幕上看不出密碼，但並不代表密碼就是以加密的方式傳回 Web 伺服器，還必須使用安全的通訊協定才行。

在這個例子中，我們在表單裡面插入一個密碼欄位，其 name 屬性為 "pwd"，同時使用 **placeholder="..."** 屬性設定在欄位中顯示提示文字，而前面介紹的 size、maxlength、minlength 等屬性亦適用於密碼欄位。

提交與重設按鈕

type="submit"

提交按鈕的 type 屬性為 "submit"，用來將表單資料傳回 Web 伺服器。

type="reset"

重設按鈕的 type 屬性為 "reset"，用來清除表單資料，恢復到起始狀態。

在這個例子中，我們在表單裡面插入提交按鈕和重設按鈕，並使用 **value="..."** 屬性設定按鈕的文字。

若沒有設定 value 屬性，就會以瀏覽器預設的文字來顯示，例如 Chrome 會顯示「提交」和「重設」，而 Edge 會顯示「送出查詢」和「重設」。

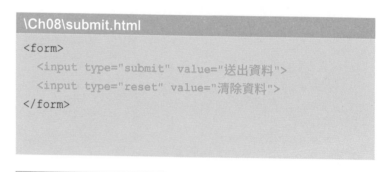

```
\Ch08\submit.html
<form>
  <input type="submit" value="送出資料">
  <input type="reset" value="清除資料">
</form>
```

```
\Ch00\form1.html
<form>
  帳號：<input type="text" name="account" required><br>
  密碼：<input type="password" name="pwd" required><br>
  <input type="submit">
  <input type="reset">
</form>
```

這個例子包含了單行文字方塊、密碼欄位、提交按鈕和重設按鈕。

為了將帳號與密碼設定為必填欄位，我們在這兩個欄位各自加上 **required** 屬性，一旦漏填帳號或密碼，就會出現提示文字要求輸入。

由於沒有自訂表單處理程式，因此，當我們將表單填寫完畢並按下「提交」時，表單欄位的名稱和表單資料會被傳回 Web 伺服器。

網址列會出現類似如下的資料，其中從 form1.html? 後面開始的是第一個欄位，名稱為 account，值為 jean，接下來是 & 符號，然後是第二個欄位，名稱為 pwd，值為 12345678：

至於它們是如何傳回 Web 伺服器的呢？當我們按下「提交」時，可以從網址列看到它們會附加在網址的後面一起傳回 Web 伺服器。

```
file:///C:/Users/Jean/Documents/Samples/Ch08/form1.
html?account=jean&pwd=12345678
```

一般按鈕

type="button"

一般按鈕的 type 屬性為 "button"，代表通用的按鈕，經常用來處理事件，執行瀏覽器端 Script。

在這個例子中，我們在表單裡面插入兩個一般按鈕，並使用 **onclick="..."** 屬性設定事件處理程式。

當我們按一下「上一頁」按鈕時，就會執行指定的 JavaScript 程式碼，返回上一頁；相反的，當我們按一下「下一頁」按鈕時，就會執行指定的 JavaScript 程式碼，前往下一頁。

若按鈕的作用是要傳送或清除表單資料，那麼要使用提交或重設按鈕，而不要使用一般按鈕。

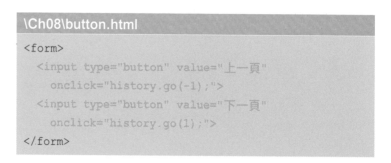

```
\Ch08\button.html
<form>
  <input type="button" value="上一頁"
    onclick="history.go(-1);">
  <input type="button" value="下一頁"
    onclick="history.go(1);">
</form>
```

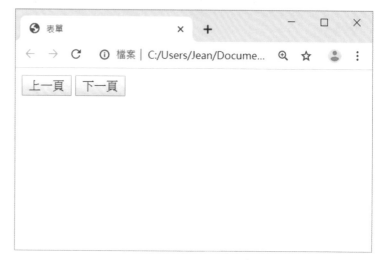

圖片提交按鈕

`\Ch08\image.html`

```
<form>
  <input type="image" src="subscribe.jpg"
    width="150" alt="訂閱我的頻道">
</form>
```

網址列會出現類似如下的資料,其中 x、y 是指標所在位置的座標:

```
file:///C:/Users/Jean/Documents/Samples/Ch08/image.
html?x=131&y=50
```

type="image"

圖片提交按鈕的 type 屬性為 "image",用來將表單資料傳回 Web 伺服器,它的作用和提交按鈕相同,只是外觀為圖片。

在這個例子中,我們在表單裡面插入一個圖片提交按鈕,並使用 src="..."、width="n"、alt="..." 等屬性設定圖片的網址、寬度與替代文字。

若有需要,還可以使用 height="n" 屬性設定圖片的高度。

當我們按下圖片提交按鈕時,可以從網址列看到指標所在位置的座標會附加在網址的後面一起傳回 Web 伺服器。

選擇鈕

type="radio"

選擇鈕的 type 屬性為 "radio"，用來選擇單一選項，例如以選擇鈕列出數個選項，詢問使用者的年齡層、最高學歷等只能單選的問題。

在這個例子中，我們在表單裡面插入一組包含「未滿20歲」、「20~29」、「30歲以上」等三個選項的選擇鈕，群組名稱為 "userage"，每個選項的值為 "age1"、"age2"、"age3"，並使用 **checked** 屬性將第二個選項設定為預設的選項。

同一組選擇鈕的每個選項必須擁有唯一的值，這樣表單處理程式才能根據傳回的群組名稱與值判斷哪組選擇鈕的哪個選項被選取。

```
\Ch08\radio.html
<form>
  <input type="radio" name="userage"
    value="age1">未滿20歲
  <input type="radio" name="userage"
    value="age2" checked>20~29
  <input type="radio" name="userage"
    value="age3">30歲以上<br>
  <input type="submit">
  <input type="reset">
</form>
```

當我們選擇第三個選項並按下「提交」時，網址列會出現類似如下的資料，其中 age3 是第三個選項的值：

```
file:///C:/Users/Jean/Documents/Samples/Ch08/radio.
html?userage=age3
```

核取方塊

type="checkbox"

核取方塊的 type 屬性為 "checkbox"，用來勾選一個或多個選項，例如以核取方塊列出數個選項，詢問使用者的興趣、喜歡的食物等能夠複選的問題。

在這個例子中，我們在表單裡面插入一組包含「hTC」、「Apple」、「ASUS」等三個選項的核取方塊，群組名稱為 "phone[]"，每個選項的值為 "hTC"、"Apple"、"ASUS"，並使用 **checked** 屬性將第一個選項設定為預設的選項。

同一組核取方塊的每個選項必須擁有唯一的值，這樣表單處理程式才能根據傳回的群組名稱與值判斷哪組核取方塊的哪個選項被選取。

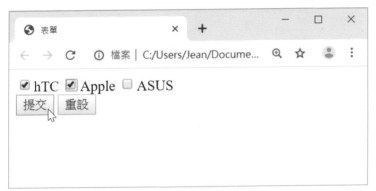

\Ch08\checkbox.html

```html
<form>
  <input type="checkbox" name="phone[]"
    value="hTC" checked>hTC
  <input type="checkbox" name="phone[]"
    value="Apple">Apple
  <input type="checkbox" name="phone[]"
    value="ASUS">ASUS<br>
  <input type="submit">
  <input type="reset">
</form>
```

當我們勾選前兩個選項並按下「提交」時，網址列會出現類似如下的資料，其中 hTC、Apple 是前兩個選項的值：

```
file:///C:/Users/Jean/Documents/Samples/Ch08/
checkbox.html?phone%5B%5D=hTC&phone%5B%5D=Apple
```

隱藏欄位

type="hidden"

隱藏欄位在表單中看不見，但值（value）仍會傳回 Web 伺服器。

隱藏欄位的 type 屬性為 "hidden"，用來傳送不需要使用者輸入但卻需要傳回 Web 伺服器的資料。

在這個例子中，我們想在傳回表單資料的同時，傳回網頁的作者名稱，但又不希望將作者名稱顯示在表單中，於是將作者名稱設定為隱藏欄位，這樣在按下「提交」時，隱藏欄位的值就會隨著表單資料一起傳回 Web 伺服器。

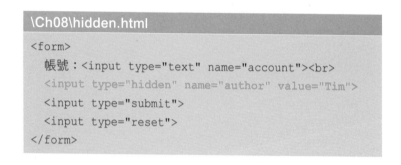

```
\Ch08\hidden.html
<form>
  帳號：<input type="text" name="account"><br>
  <input type="hidden" name="author" value="Tim">
  <input type="submit">
  <input type="reset">
</form>
```

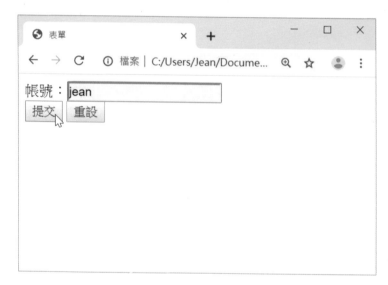

當我們輸入帳號並按下「提交」時，網址列會出現類似如下的資料，其中 author 和 Tim 分別是隱藏欄位的名稱與值：

```
file:///C:/Users/Jean/Documents/Samples/Ch08/hidden.
html?account=jean&author=Tim
```

上傳檔案欄位

```
\Ch08\file.html
<form method="post" enctype="multipart/form-data"
  action="handler.php">
  <input type="file" name="upfile" size="30"><br>
  <input type="submit" value="上傳">
  <input type="reset" value="重設">
</form>
```

type="file"

上傳檔案欄位的 type 屬性為 "file"，用來上傳檔案到 Web 伺服器。

在這個例子中，表單的 method 屬性必須設定為 "post"，編碼方式必須設定為 "multipart/form-data"，而且要設定表單處理程式接收上傳到 Web 伺服器的檔案。

有關如何撰寫表單處理程式，以及啟用 Web 伺服器的上傳檔案功能，有興趣的讀者可以參閱相關書籍。

此外，除了上傳單一檔案，也可以上傳多個檔案，只要在 <input type="file"> 元素加上 **multiple** 屬性即可。

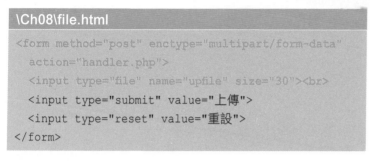

❶ 按 [瀏覽]   ❸ 按 [開啟]

❷ 選擇檔案   ❹ 選擇的檔案出現在此

E-mail 欄位

type="email"

E-mail 欄位的 type 屬性為 "email"，用來輸入電子郵件地址。

在這個例子中，我們在表單裡面插入一個 E-mail 欄位，當使用者輸入的資料不符合電子郵件地址格式時，瀏覽器會出現提示文字要求重新輸入。

E-mail 欄位只能驗證資料是否符合電子郵件地址格式，但無法檢查該地址是否存在。

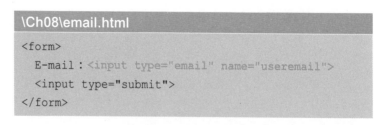

```
\Ch08\email.html
<form>
  E-mail：<input type="email" name="useremail">
  <input type="submit">
</form>
```

若要允許使用者輸入以逗號隔開的多個 E-mail，例 如 jean@hotmail.com, jerry@hotmail.com，可以加上 **multiple** 屬性。

若要設定 E-mail 欄位的輸入格式，可以使用 **pattern="..."** 屬性，例如 pattern=".+@hotmail.com" 是規定使用者必須輸入 hotmail.com 的 E-mail。

前面介紹過的 size、maxlength、minlength、placeholder、required、readonly 等屬性亦適用於 E-mail 欄位。

網址欄位

```
<form>
  網址：<input type="url" name="weburl">
  <input type="submit">
</form>
```

type="url"

網址欄位的 type 屬性為 "url"，用來輸入網址。

在這個例子中，我們在表單裡面插入一個網址欄位，當使用者輸入的資料不符合網址格式時，瀏覽器會出現提示文字要求重新輸入。

若要設定網址欄位的輸入格式，可以使用 **pattern="..."** 屬性，例如 pattern="https://.*" 是規定使用者必須輸入以 https:// 開頭的網址。

前面介紹過的 size、maxlength、minlength、placeholder、required、readonly 等屬性亦適用於網址欄位。

搜尋欄位

type="search"

搜尋欄位的 type 屬性為 "search"，用來輸入搜尋關鍵字。

在這個例子中，我們在表單裡面插入一個搜尋欄位。

事實上，搜尋欄位的用途和單行文字方塊幾乎一樣，差別在於欄位外觀可能不同，視瀏覽器的實作而定。

前面介紹過的 size、maxlength、minlength、placeholder、required、readonly、pattern 等屬性亦適用於搜尋欄位。

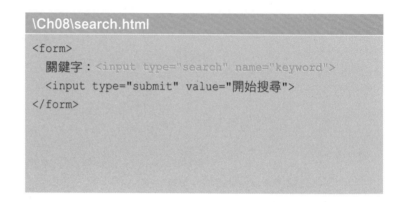

```
\Ch08\search.html
<form>
  關鍵字：<input type="search" name="keyword">
  <input type="submit" value="開始搜尋">
</form>
```

電話欄位

type="tel"

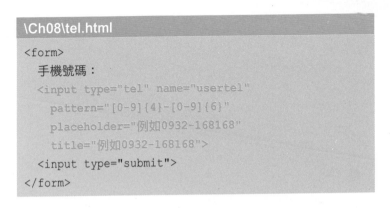

```
\Ch08\tel.html
<form>
  手機號碼：
  <input type="tel" name="usertel"
    pattern="[0-9]{4}-[0-9]{6}"
    placeholder="例如0932-168168"
    title="例如0932-168168">
  <input type="submit">
</form>
```

電話欄位的 type 屬性為 "tel"，用來輸入電話號碼，不過在實務上，電話欄位卻不易驗證使用者輸入的電話號碼是否有效，因為不同國家或不同地區的電話號碼格式不盡相同。

在這個例子中，我們在表單裡面插入一個電話欄位，同時使用 pattern、placeholder、title 等三個屬性設定電話號碼格式、欄位提示文字和輸入錯誤時的提示文字。

前面介紹過的 size、maxlength、minlength、required、readonly 等屬性亦適用於電話欄位。

❶ 輸入電話號碼前會顯示提示文字

❷ 輸入格式錯誤時會顯示提示文字

數值欄位

type="number"

數值欄位的 type 屬性為 "number"，用來輸入數值。

在這個例子中，我們在表單裡面插入一個數值欄位，同時使用 **min="n"**、**max="n"**、**step="n"** 等三個屬性將最小值、最大值和間隔值設定為 0、10、2，表示只能輸入 0 到 10 且間隔 2 的數值。

使用者可以按向上鈕或向下鈕輸入數值（每次會遞增 2 或遞減 2），也可以直接輸入數值，若數值超過範圍，就會出現提示文字要求重新輸入。

```
\Ch08\number.html
<form>
  <input type="number" name="num"
    min="0" max="10" step="2">
  <input type="submit">
</form>
```

指定範圍數值欄位

```
\Ch08\range.html
<form>
  <input type="range" name="num"
    min="0" max="100" step="5">
  <input type="submit">
</form>
```

❶ Chrome 的瀏覽結果　❷ Edge 的瀏覽結果

指定範圍數值欄位的 type 屬性為 "range"，用來輸入符合指定範圍內的數值。

在這個例子中，我們在表單裡面插入一個指定範圍數值欄位，同時使用 **min="n"**、**max="n"**、**step="n"** 等三個屬性將最小值、最大值和間隔值設定為 0、100、5，表示只能透過滑桿輸入 0 到 100 且間隔 5 的數值。

在預設的情況下，滑桿指針會指向中間值，若要設定指針的初始值，可以使用 **value="…"** 屬性，例如 value="20" 是將初始值設定為 20。

日期時間欄位

type="date"

日期欄位的 type 屬性為 "date"，用來輸入西元日期，例如 2020/12/25。

type="time"

時間欄位的 type 屬性為 "time"，用來輸入十二小時制時間，例如上午 08:00 或下午 03:00。

type= "datetime-local"

本地日期時間欄位的 type 屬性為 "datetime-local"，用來輸入本地的西元日期與十二小時制時間。

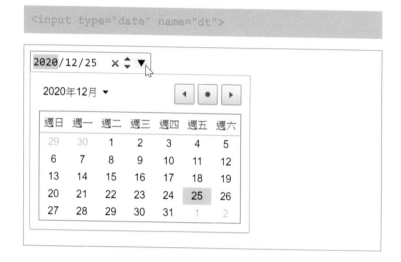

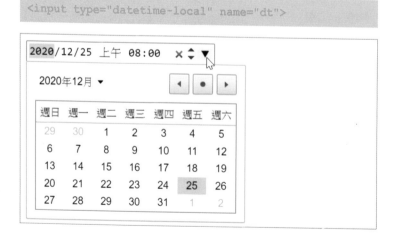

```
<input type="month" name="dt">
```

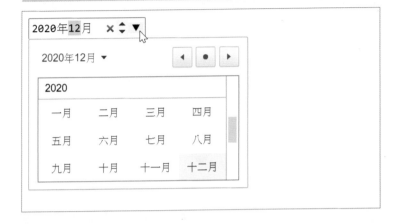

type="month"

月份欄位的 type 屬性為 "month"，用來輸入西元月份，例如 2020 年 12 月。

type="week"

週數欄位的 type 屬性為 "week"，用來輸入一年的第幾週，例如 2020 年，第 52 週。

```
<input type="week" name="dt">
```

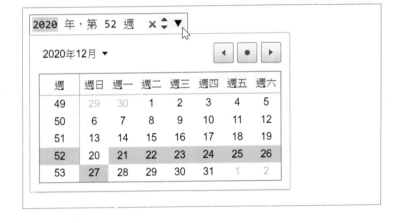

前面介紹過的 min、max、step、required、readonly、value 等屬性亦適用於這些日期時間欄位，例如 min="09:00" max="18:00" 表示將時間限制在上午九點到下午六點，而 value="2020-12-25T18:00" 表示將初始值設定為 2020 年 12 月 25 日下午六點。

選擇色彩欄位

type="color"

選擇色彩欄位的 type 屬性為 "color"，用來輸入色彩。

在這個例子中，我們在表單裡面插入一個選擇色彩欄位，使用者只要點取此欄位，就會出現色彩對話方塊讓使用者選擇想要的色彩。

在預設的情況下，選擇色彩欄位會顯示黑色，若要設定初始色彩，可以使用 **value="..."** 屬性，例如 value="#ff0000" 是將初始色彩設定為紅色。

\Ch08\color.html

```
<form>
  <input type="color" name="clr">
</form>
```

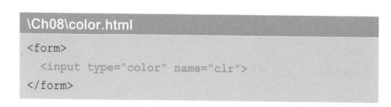

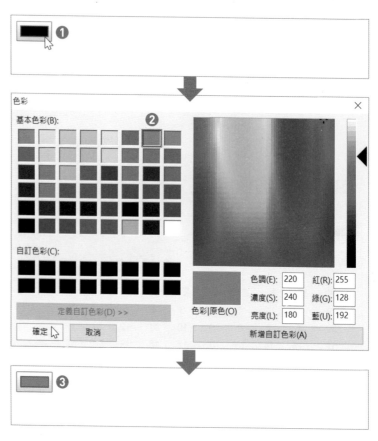

❶ 點取此欄位

❷ 選擇色彩，然後按 [確定]

❸ 出現選擇的色彩

多行文字方塊

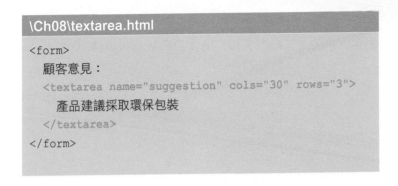

```
\Ch08\textarea.html
<form>
  顧客意見：
  <textarea name="suggestion" cols="30" rows="3">
    產品建議採取環保包裝
  </textarea>
</form>
```

在這個例子中，我們在表單裡面插入一個多行文字方塊，同時使用 cols 和 rows 兩個屬性設定寬度與高度。

在預設的情況下，多行文字方塊是空白的，若要顯示預設的資料，可以將資料放在 <textarea> 元素裡面。

<textarea>

<textarea> 元素用來在表單中標示多行文字方塊，常見的屬性如下：

cols="*n*"
設定多行文字方塊的寬度（*n* 為字元數）。

rows="*n*"
設定多行文字方塊的高度（*n* 為列數）。

name="..."
設定多行文字方塊的名稱。

maxlength="*n*"
設定資料的最多字元數。

minlength="*n*"
設定資料的最少字元數。

required
設定必須輸入資料。

下拉式清單

下拉式清單允許使用者從清單中選擇一個或多個選項，例如最高學歷、行政地區等。

<select>

<select> 元素用來在表單中標示下拉式清單，常見的屬性如下：

autocomplete="{on, off}"
設定是否啟用自動完成功能。

autofocus
在載入網頁時將焦點移到下拉式清單。

disabled
取消下拉式清單。

multiple
允許在下拉式清單中選擇多個選項。

name="..."
設定下拉式清單的名稱。

required
設定必須選擇選項。

size="n"
設定下拉式清單的高度（n 為列數）。

form="formid"
設定下拉式清單隸屬於 id 屬性為 formid 的表單。

<option>

<option> 元素是放在 <select> 元素裡面，用來設定下拉式清單中的選項，它沒有結束標籤，常見的屬性如下：

disabled
取消選項。

label="..."
設定選項的標籤文字。

selected
設定預先選取的選項。

value="..."
設定選項的值。

\Ch08\select.html

```
<form>
  <select name="phone">
    <option value="hTC" selected>hTC
    <option value="Apple">Apple
    <option value="ASUS">ASUS
  </select>
</form>
```

\Ch08\select2.html

```
<form>
  <select name="phone[]" multiple>
    <option value="hTC" selected>hTC
    <option value="Apple">Apple
    <option value="ASUS">ASUS
  </select>
</form>
```

❶ 只能單選　❷ 允許複選

在這個例子中，我們在表單裡面插入一個包含三個選項的下拉式清單，同時在第一個 <option> 元素加上 **selected** 屬性，表示將它設定為預先選取的選項。

接下來是另一個例子，我們在 <select> 元素加上 **multiple** 屬性，表示允許複選，為了方便表單處理程式判斷哪些選項被選取，我們將下拉式清單的名稱設定為陣列，也就是在名稱後面加上中括號 []。

提醒您，若要在下拉式清單中選取多個選項，可以按住 [Ctrl] 鍵進行選取；若要設定下拉式清單的高度，可以使用 **size="n"** 屬性。

按鈕

<button>

除了將 <input> 元素的 type 屬性設定為 "submit"、"reset" 或 "button" 之外，我們也可以使用 **<button>** 元素在表單中插入按鈕，常見的屬性如下：

name="..."
設定按鈕的名稱。

type="{submit, reset, button, menu}"
設定按鈕的類型（提交、重設、一般按鈕、功能表）。

disabled
取消按鈕。

autofocus
在載入網頁時將焦點移到按鈕。

```
\Ch08\form2.html

<form>
  帳號：<input type="text" name="account" required><br>
  密碼：<input type="password" name="pwd" required><br>
  <button type="submit">提交</button>
  <button type="reset">重設</button>
</form>
```

form="*formid*"
設定按鈕隸屬於 id 屬性為 *formid* 的表單。

value="..."
設定按鈕的值。

在這個例子中，我們使用 <button> 元素來改寫 form1.html 的提交與重設按鈕，而且按鈕上面的文字是放在開始標籤與結束標籤之間。

標籤文字

```html
<form>
  <label for="account">帳號：</label>
  <input type="text" id="account"><br>
  <label for="pwd">密碼：</label>
  <input type="password" id="pwd"><br>
  <input type="submit">
  <input type="reset">
</form>
```

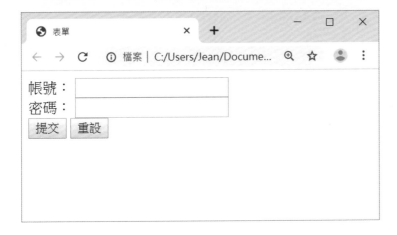

<label>

有些表單欄位會有預設的標籤文字，例如 Chrome 與 Edge 針對提交按鈕預設的標籤文字為「提交」和「送出查詢」。

不過，多數的表單欄位並沒有標籤文字，例如單行文字方塊、密碼欄位等，此時可以使用 **<label>** 元素來設定，常見的屬性如下：

for="*fieldid*"

針對 id 屬性為 *fieldid* 的表單欄位設定標籤文字。

在這個例子中，我們是使用 <label> 元素來設定單行文字方塊與密碼欄位的標籤文字。

群組標籤

\<optgroup\>

\<optgroup\> 元素用來替一群 \<option\> 元素加上共同的標籤,它沒有結束標籤,常見的屬性如下:

label="..."
設定群組標籤。

在這個例子中,我們先使用一個 \<optgroup\> 元素將前三個選項的群組標籤設定為「義大利麵」,然後使用另一個 \<optgroup\> 元素將後兩個選項的群組標籤設定為「燉飯」,這樣就可以根據種類來顯示不同的餐點。

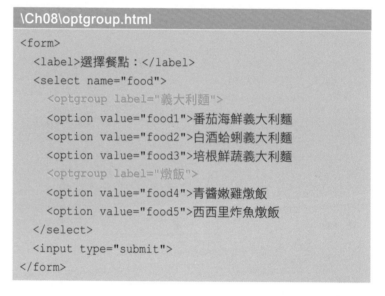

```
\Ch08\optgroup.html
<form>
  <label>選擇餐點:</label>
  <select name="food">
    <optgroup label="義大利麵">
    <option value="food1">番茄海鮮義大利麵
    <option value="food2">白酒蛤蜊義大利麵
    <option value="food3">培根鮮蔬義大利麵
    <optgroup label="燉飯">
    <option value="food4">青醬嫩雞燉飯
    <option value="food5">西西里炸魚燉飯
  </select>
  <input type="submit">
</form>
```

將表單欄位群組起來

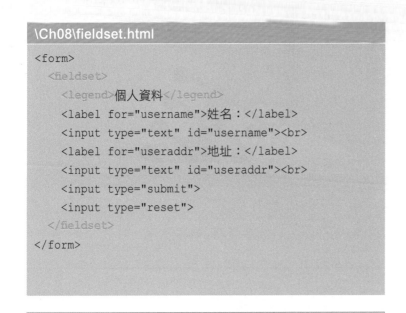

```
\Ch08\fieldset.html
<form>
  <fieldset>
    <legend>個人資料</legend>
    <label for="username">姓名：</label>
    <input type="text" id="username"><br>
    <label for="useraddr">地址：</label>
    <input type="text" id="useraddr"><br>
    <input type="submit">
    <input type="reset">
  </fieldset>
</form>
```

<fieldset>

<fieldset> 元素用來將幾個相關的表單欄位群組起來，瀏覽器通常會使用方框將 <fieldset> 元素的內容框起來。

<legend>

<legend> 元素可以放在 <fieldset> 元素的開始標籤後面，用來在方框加上說明文字，標註表單欄位的性質。

在這個例子中，我們除了使用 <fieldset> 元素將「姓名」和「地址」兩個欄位群組起來，還使用 <legend> 元素將說明文字設定為「個人資料」。

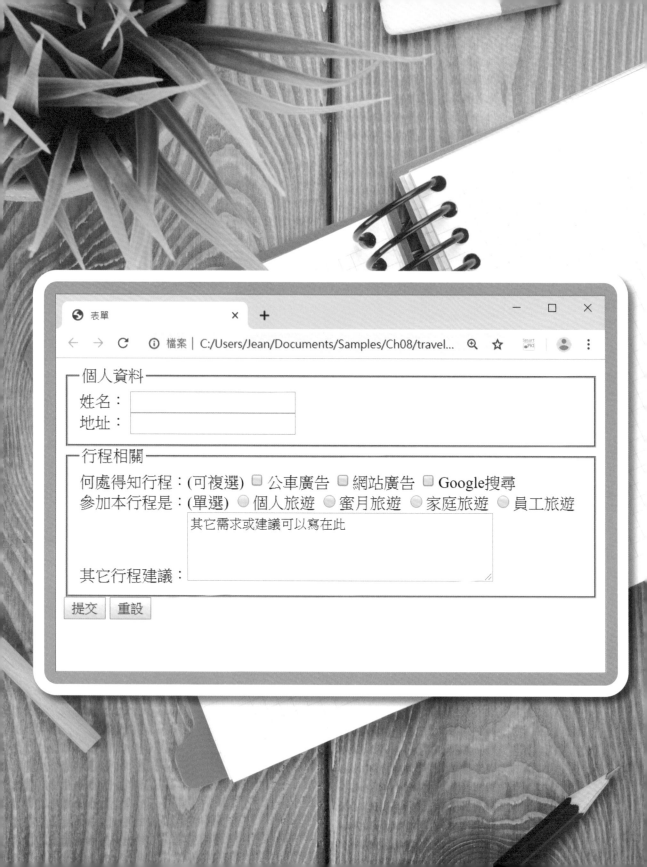

這個例了是 家旅行社的意見調查表，表單欄位分為「個人資料」和「行程相關」兩種，前者包括姓名和地址（單行文字方塊），而後者包括何處得知行程（核取方塊）、參加行程的原因（選擇鈕）和其它建議（多行文字方塊）。

\Ch08\travel.html

```html
<form>
  <fieldset>
    <legend>個人資料</legend>
    <label for="username">姓名：</label>
    <input type="text" id="username"><br>
    <label for="useraddr">地址：</label>
    <input type="text" id="useraddr"><br>
  </fieldset>
  <fieldset>
    <legend>行程相關</legend>
    何處得知行程：(可複選)
    <input type="checkbox" name="source[]" value="s1">公車廣告
    <input type="checkbox" name="source[]" value="s2">網站廣告
    <input type="checkbox" name="source[]" value="s3">Google搜尋<br>
    參加本行程是：(單選)
    <input type="radio" name="reason" value="r1">個人旅遊
    <input type="radio" name="reason" value="r2">蜜月旅遊
    <input type="radio" name="reason" value="r3">家庭旅遊
    <input type="radio" name="reason" value="r4">員工旅遊<br>
    其它行程建議：<textarea name="suggestion" cols="40" rows="4">
      其它需求或建議可以寫在此</textarea>
  </fieldset>
  <input type="submit">
  <input type="reset">
</form>
```

PART 2

CSS3

CSS 基本語法

截至目前,我們的重點一直是放在如何使用 HTML 定義網頁的內容,並沒有討論到網頁的外觀,例如色彩、字型、文字樣式、對齊方式、版面配置等,事實上,這些都是 CSS 的功能,所以在接下來的章節中,我們就要來介紹如何使用 CSS 讓網頁變得更漂亮。

在本章中,您將學會:

- ◆ 撰寫 CSS 樣式規則
- ◆ 使用內部的 CSS 樣式表
- ◆ 使用外部的 CSS 樣式表
- ◆ 使用不同類型的選擇器
- ◆ 樣式表的串接順序

←　→　C　① 檔案 | C:/Users/Jean/Documents/Samples/Ch09/musi...　Q　☆　🖼️　👤　⋮

美妙的音樂就有這樣的魔力，
萬種愁緒進入了夢鄉而安息，
在聽到樂聲的時候消亡。
—凱瑟琳王后《亨利八世》全集第七卷

巴哈（Johann Sebastian Bach 1685-1750）
　　約翰‧瑟巴斯倩‧巴哈的作品豐富，詠嘆調、e 小調三重奏、小提琴協奏曲、無伴奏大提
　　琴奏鳴曲、馬太受難曲、布蘭登堡協奏曲、十二平均律鋼琴曲集、郭德堡變奏曲等，
　　截至目前，這些樂曲仍是演奏家的最愛。

貝多芬（Ludwig van Beethoven 1770-1827）
　　路德維希‧范‧貝多芬雖然雙耳失聰，卻是一位稟賦優異的音樂家，創作了克羅采小提
　　琴奏鳴曲、第三號交響曲「英雄」、「熱情奏鳴曲」、歌劇「費德里奧」、小提琴
　　協奏曲、第五號交響曲「命運」、第六號交響曲「田園」等不朽名作。

布拉姆斯（Johannes Brahms 1833-1897）
　　約翰尼斯‧布拉姆斯生性沈靜嚴肅，自幼開始學習音樂。由於不喜歡戲劇性的誇張，因
　　此，他的作品裡面沒有當時盛行的歌劇，而是以鋼琴奏鳴曲、鋼琴協奏曲為主。

CSS 的發展

CSS (Cascading Style Sheets，串接樣式表、階層樣式表) 的用途是定義網頁的外觀，也就是網頁的編排、顯示、格式化及特殊效果。CSS 和 HTML 一樣歷經數個版本的沿革，如下表。

CSS 版本	說明
CSS1 (CSS Level 1)	W3C 於 1996 年發布 CSS1 推薦標準，約有 50 個屬性，包括字型、文字、色彩、背景、清單、表格、定位方式、框線、邊界等。
CSS2 (CSS Level 2)	W3C 於 1998 年發布 CSS2 推薦標準，約有 120 個屬性，新增一些字型屬性，並加入相對定位、絕對定位、固定定位、媒體類型等概念。
CSS2.1 (CSS Level 2 Revision 1)	W3C 於 2011 年發布 CSS2.1 推薦標準，除了維持與 CSS2 的向下相容性，還修正 CSS2 的錯誤、移除一些 CSS2 尚未實作的功能並新增數個屬性。
CSS3 (CSS Level 3)	相較於 CSS2.1 是將所有屬性整合在一份規格書中，CSS3 則是根據屬性的類型分成不同的模組 (module) 來進行規格化，有關各個模組的制訂進度可以到 https://www.w3.org/Style/CSS/current-work. en.html 查詢。 例 如 Selectors Level 3、Media Queries、CSS Style Attributes、CSS Color Level 3、CSS Basic User Interface Level 3 等模組已經成 為 推薦標準 (REC，Recommendation)，而 Selectors Level 3、CSS Backgrounds and Borders Level 3、CSS Fonts Level 3、CSS Text Level 3 等模組是候選推薦 (CR，Candidate Recommendation) 或建議推薦 (PR，Proposed Recommendation)。

Completed	Current	Upcoming	Notes	
CSS Snapshot 2018	NOTE		Latest stable CSS	□□
CSS Snapshot 2017	NOTE			□□
CSS Snapshot 2015	NOTE			□□
CSS Snapshot 2010	NOTE			□□
CSS Snapshot 2007	NOTE			□□
CSS Color Level 3	REC	REC		□□
CSS Namespaces	REC	REC		□□
Selectors Level 3	REC	REC		□□
CSS Level 2 Revision 1	REC	REC	See Errata	□□
Media Queries	REC	REC		□□
CSS Style Attributes	REC	REC		□□
CSS Fonts Level 3	REC	REC		□□
CSS Basic User Interface Level 3	REC	REC		□□
Stable	Current	Upcoming	Notes	
CSS Backgrounds and Borders Level 3	CR	PR		□□

這個網站會列出 CSS3 各個模組的制訂進度

既然 HTML 提供的標籤與屬性就能將網頁格式化，為何還要使用 CSS 呢？沒錯，HTML 確實提供一些格式化的標籤與屬性，但變化有限，而且為了進行格式化，往往使得 HTML 原始碼變得複雜，內容與外觀的倚賴性過高而不易修改。

為此，W3C 遂鼓勵網頁設計人員使用 HTML 定義網頁的內容，然後使用 CSS 定義網頁的外觀，將網頁的內容與外觀分隔開來，就能透過 CSS 從外部控制網頁的外觀，同時 HTML 原始碼也會變得精簡，有助於後續的維護與更新。

事實上，W3C 已經將不少涉及網頁外觀的 HTML 標籤與屬性列為 Deprecated（建議勿用），並鼓勵改用 CSS 來取代，例如 <font>、<basefont> 等標籤，或 background、bgcolor、align、link、vlink、alink、color、size 等屬性。

樣式規則

CSS 樣式表是由一條一條的**樣式規則** (style rule) 所組成，而樣式規則 包含**選擇器** (selector) 與**宣告** (declaration) 兩個部分，如下圖。

選擇器

宣告

h1 {color: red; font-style: italic;}

屬性　　　　　　值　　　　　　屬性　　　　　　　　值

選擇器 (selector) 用來選擇 要套用樣式規則的對象，而 **宣告** (declaration) 用來設定 此對象的樣式，以 {} 括起 來，裡面包含**屬性** (property) 與**值** (value)，兩者以冒號 (:) 連接，至於多個屬性的中間 則以分號 (;) 隔開。

以上面的樣式規則為例， h1 表示要套用樣式規則的 對象是 <h1> 元素，即標題 1，而 color: red 是將 color 屬性的值設定為 red，即前 景色彩為紅色，font-style: italic 是將 font-style 屬性 的值設定為 italic，即文字 為斜體。

若屬性的值包含英文字母、 阿拉伯數字 (0 ~ 9)、減號 (-) 或小數點 (.) 以外的字 元（例如空白、換行）， 那麼屬性的值前後必須加 上雙引號或單引號（例如 font-family: "Arial Black")， 否則雙引號 (") 或單引號 (') 可以省略不寫。

若多個選擇器具有相同的宣告，可以合併成一條樣式規則，中間以逗號 (,) 隔開，同時可以使用註解符號 /* */ 說明用途，如下圖。

多個選擇器的中間以逗號 (,) 隔開

註解

```
h1, h2, h3 {
    color: red;              /* 將色彩設定為紅色 */
    font-style: italic;  /* 將文字設定為斜體 */
}
```

CSS 提供的註解符號為 /* */，而 HTML 提供的註解符號 為 <!-- -->。此外，CSS 會區分英文字母的大小寫，而 HTML 不會。

為了避免混淆，在替 HTML 元素的 class 屬性或 id 屬性命名時，請維持一致的命名規則，建議採取字中大寫，例如 userName。

若樣式規則的宣告包含多個屬性與值，那麼可以將它們寫在同一行，也可以寫在不同行，只要中間以分號 (;) 隔開並排列整齊即可。

使用內部 CSS

<style> 元素

我們可以將 CSS 樣式表加入 HTML 文件，第一種方式是使用 **<style>** 元素嵌入樣式表。

由於樣式表和 HTML 文件位於相同檔案，因此，任何時候想要變更網頁的外觀，直接修改 HTML 文件的原始碼即可，無須變更多個檔案。

在這個例子中，我們使用 <style> 元素嵌入樣式表，body 表示要套用樣式規則的對象是 <body> 元素，即網頁主體，而 background: pink 是將 background 屬性的值設定為 pink，即背景色彩為粉紅色。

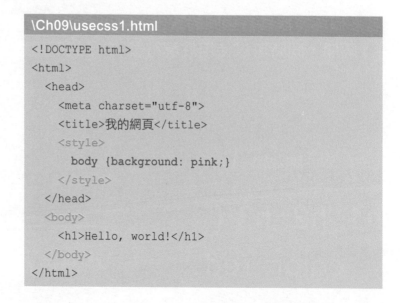

```
\Ch09\usecss1.html
<!DOCTYPE html>
<html>
  <head>
    <meta charset="utf-8">
    <title>我的網頁</title>
    <style>
      body {background: pink;}
    </style>
  </head>
  <body>
    <h1>Hello, world!</h1>
  </body>
</html>
```

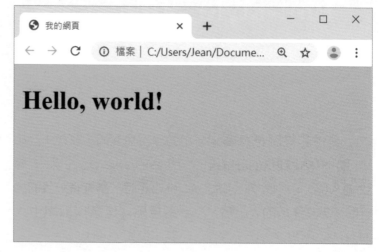

```
\Ch00\uo00002.html
<!DOCTYPE html>
<html>
  <head>
    <meta charset="utf-8">
    <title>我的網頁</title>
  </head>
  <body style="background: pink;">
    <h1>Hello, world!</h1>
  </body>
</html>
```

style 屬性

第二種方式是使用 HTML 元素的 **style** 屬性設定樣式表。

在這個例子中，我們使用 <body> 元素的 style 屬性將網頁主體的背景色彩設定為粉紅色。

由於不同瀏覽器所支援的 CSS 屬性和實作方式不盡相同，建議您在幾個主要瀏覽器做測試，例如 Chrome、Edge、IE、Safari、FireFox 等，確認網頁的瀏覽結果有符合預期。

使用外部 CSS

\<link\> 元素

我們可以在 HTML 文件中使用外部 CSS,第一種方式是將樣式表儲存在外部檔案,然後使用 **\<link\>** 元素連結此檔案。

使用外部 CSS 的優點如下:

- 將網頁的內容與外觀分隔開來。

- 多個網頁共用樣式表可以減少重複定義。

- 若要變更外觀,只要修改樣式表檔案,不必修改每個網頁。

在這個例子中,我們將樣式表儲存在純文字檔 bg.css,然後使用 \<link\> 元素連結此檔案,將網頁主體的背景色彩設定為粉紅色。

\Ch09\usecss3.html

```html
<!DOCTYPE html>
<html>
  <head>
    <meta charset="utf-8">
    <title>我的網頁</title>
    <link rel="stylesheet" type="text/css" href="bg.css">
  </head>
  <body>
    <h1>Hello, world!</h1>
  </body>
</html>
```

\Ch09\bg.css

```css
body {background: pink;}
```

\Ch09\usecss4.html

```html
<!DOCTYPE html>
<html>
  <head>
    <meta charset="utf-8">
    <title>我的網頁</title>
    <style>
      @import url("bg.css");
    </style>
  </head>
  <body>
    <h1>Hello, world!</h1>
  </body>
</html>
```

\Ch09\bg.css

```css
body {background: pink;}
```

@import 規則

第二種方式是將樣式表儲存在外部檔案,然後在 <style> 元素裡面使用 **@import url(" 檔名 .css");** 規則匯入此檔案。

在這個例子中,我們將樣式表儲存在純文字檔 bg.css,然後在 <style> 元素裡面使用 @import 規則匯入此檔案。

正式網站通常是使用外部 CSS,因為這樣比較容易維護與更新。

不過,在本書中,為了方便講解,免去開啟多個檔案的麻煩,我們的範例程式大多使用內部 CSS,直接將樣式表放在 HTML 文件中。

選擇器

CSS 提供了數種選擇器，以下為您介紹一些常見的類型。

通用選擇器

用來選擇所有 HTML 元素，語法為 *（星號），例如下面的樣式規則會套用到所有 HTML 元素：

```
* {color: red;}
```

子選擇器

用來選擇子元素，語法為 **s1 > s2**（ **>** 是大於符號），其中 s2 是 s1 的子元素，例如下面的樣式規則會套用到 <ul> 元素的子元素 <li>：

```
ul > li {color: red;}
```

子孫選擇器

用來選擇子孫元素（不僅是子元素），語法為 **s1 s2**，其中 s2 是 s1 的子孫元素，例如下面的樣式規則會套用到 <p> 元素的子孫元素 <a>：

```
p a {color: red;}
```

類型選擇器

用來選擇指定的 HTML 元素，語法為 HTML 元素的名稱，例如下面的樣式規則會套用到 <a> 元素：

```
a {color: red;}
```

相鄰兄弟選擇器

用來選擇相鄰兄弟元素，語法為 **s1 + s2**，其中 s2 是 s1 後面的第一個兄弟節點，例如下面的樣式規則會套用到 <img> 元素後面的第一個兄弟元素 <p>：

```
img + p {color: red;}
```

全體兄弟選擇器

用來選擇全體兄弟元素，語法為 **s1 ~ s2**，其中 s2 是 s1 後面的所有兄弟節點，例如下面的樣式規則會套用到 <img> 元素後面的所有兄弟元素 <p>：

```
img ~ p {color: red;}
```

```html
<!DOCTYPE html>
<html>
  <head>
    <meta charset="utf-8">
    <title>我的網頁</title>
    <style>
      li {list-style-type: disc;}        /*類型選擇器*/
      li li {list-style-type: circle;}   /*子孫選擇器*/
    </style>
  </head>
  <body>
    <ul>
      <li>項目 1
        <ul>
          <li>子項目 A</li>
          <li>子項目 B</li>
        </ul>
      </li>
    </ul>
  </body>
</html>
```

在這個例子中，我們在 <style> 元素裡面定義一個類型選擇器和一個子孫選擇器，其中類型選擇器會套用到 <li> 元素，將項目符號設定為實心圓點：

```css
li {list-style-type: disc;}
```

而子孫選擇器會套用到 <li> 元素的子孫元素 <li>，將項目符號設定為空心圓點：

```css
li li {list-style-type: circle;}
```

因此，在瀏覽結果中，第一層與第二層的項目符號將分別是實心圓點和空心圓點。

- 項目1
  - 子項目A
  - 子項目B

類別選擇器

用來選擇隸屬於指定類別的 HTML 元素,語法為 ***.XXX** 或 **.XXX**,*(星號)可以省略不寫,例如下面的樣式規則會套用到 class 屬性為 "odd" 的 HTML 元素:

```
.odd {background: linen;}
```

而下面的樣式規則會套用到 class 屬性為 "even" 的 HTML 元素:

```
.even {background: pink;}
```

在這個例子中,我們將奇數列與偶數列的 class 屬性設定為 "odd" 和 "even",然後定義 .odd 和 .even 兩個類別選擇器,這樣就能將奇數列與偶數列的背景色彩設定為亞麻色和粉紅色。

\Ch09\class.html

```html
<!DOCTYPE html>
<html>
  <head>
    <meta charset="utf-8">
    <title>我的網頁</title>
    <style>
      .odd {background: linen;}    /*類別選擇器*/
      .even {background: pink;}    /*類別選擇器*/
    </style>
  </head>
  <body>
    <table>
      <tr class="odd"><td>01</td><td>風之谷</td></tr>
      <tr class="even"><td>02</td><td>風起</td></tr>
      <tr class="odd"><td>03</td><td>紅豬</td></tr>
      <tr class="even"><td>04</td><td>龍貓</td></tr>
    </table>
  </body>
</html>
```

```
01 風之谷
02 風起
03 紅豬
04 龍貓
```

```
<!DOCTYPE html>
<html>
  <head>
    <meta charset="utf-8">
    <title>我的網頁</title>
    <style>
      #row1 {background: linen;}     /*ID 選擇器*/
      #row2 {background: pink;}      /*ID 選擇器*/
      #row3 {background: azure;}     /*ID 選擇器*/
      #row4 {background: cyan;}      /*ID 選擇器*/
    </style>
  </head>
  <body>
    <table>
      <tr id="row1"><td>01</td><td>風之谷</td></tr>
      <tr id="row2"><td>02</td><td>風起</td></tr>
      <tr id="row3"><td>03</td><td>紅豬</td></tr>
      <tr id="row4"><td>04</td><td>龍貓</td></tr>
    </table>
  </body>
</html>
```

01 風之谷
02 風起
03 紅豬
04 龍貓

ID 選擇器

用來選擇符合指定 id 的 HTML 元素，語法為 ***#XXX*** 或 ***#XXX***，*（星號）可以省略不寫，例如下面的樣式規則會套用到 id 屬性為 "row1" 的 HTML 元素：

```
#row1 {background: linen;}
```

而下面的樣式規則會套用到 id 屬性為 "row2" 的 HTML 元素：

```
#row2 {background: pink;}
```

在這個例子中，我們將四列的 id 屬性設定為 "row1" ~ "row4"，然後定義 #row1 ~ #row4 等四個 ID 選擇器，這樣就能將四列的背景色彩設定為亞麻色、粉紅色、天藍色和青色。

屬性選擇器

用來選擇具有指定屬性值的 HTML 元素，常見的語法如下表。

語法	範例
`[att]` 選擇有設定 *att* 屬性的元素	`[class]{color: red;}` 將樣式規則套用到有設定 class 屬性的元素
`[att=val]` 選擇 *att* 屬性的值為 *val* 的元素	`[class="coffee"] {color: red;}` 將樣式規則套用到 class 屬性的值為 "coffee" 的元素
`[att~=val]` 選擇 *att* 屬性的值為 *val*，或以空白字元隔開並包含 *val* 的元素	`[class~="coffee"] {color: red;}` 將樣式規則套用到 class 屬性的值為 "coffee"，或以空白字元隔開並包含 "coffee" 的元素
`[att|=val]` 選擇 *att* 屬性的值為 *val*，或以 *val-* 開頭的元素	`[class|="coffee"] {color: red;}` 將樣式規則套用到 class 屬性的值為 "coffee"，或以 "coffee-" 開頭的元素
`[att^=val]` 選擇 *att* 屬性的值以 *val* 開頭的元素	`[class^="coffee"] {color: red;}` 將樣式規則套用到 class 屬性的值以 "coffee" 開頭的元素
`[att$=val]` 選擇 *att* 屬性的值以 *val* 結尾的元素	`[class$="coffee"] {color: red;}` 將樣式規則套用到 class 屬性的值以 "coffee" 結尾的元素
`[att*=val]` 選擇 *att* 屬性的值包含 *val* 的元素	`[class*="coffee"]{color: red;}` 將樣式規則套用到 class 屬性的值包含 "coffee" 的元素

```
<!DOCTYPE html>
<html>
  <head>
    <meta charset="utf-8">
    <title>我的網頁</title>
    <style>
      [class~="coffee"] {color: blue;}  /*屬性選擇器*/
      [class|="coffee"] {color: red;}   /*屬性選擇器*/
    </style>
  </head>
  <body>
    <ul>
      <li class="American coffee">美式咖啡</li>
      <li class="coffee-vanilla">香草拿鐵</li>
      <li class="coffee-caramel">咖啡拿鐵</li>
      <li class="Irish coffee">愛爾蘭咖啡</li>
    </ul>
  </body>
</html>
```

- 美式咖啡
- 香草拿鐵
- 焦糖拿鐵
- 愛爾蘭咖啡

在這個例子中,我們在 <style> 元素裡面定義兩個屬性選擇器,前者會套用到 class 屬性的值為 "coffee",或以空白字元隔開並包含 "coffee" 的元素,將前景色彩設定為藍色:

```
[class~="coffee"] {color: blue;}
```

而後者會套用到 class 屬性的值為 "coffee",或以 "coffee-" 開頭的元素,將前景色彩設定為紅色:

```
[class|="coffee"] {color: red;}
```

因此,在瀏覽結果中,第一、四個項目的色彩為藍色,而第二、三個項目的色彩為紅色。

虛擬元素

虛擬元素 (pseudo-element)
用來選擇元素的某個部分，
常見的如下：

::first-line

元素的第一行。

::first-letter

元素的第一個字。

::before

在元素前面加上內容。

::after

在元素後面加上內容。

::selection

元素被選取的部分。

在第一個例子中，我們使用
虛擬元素 ::first-line 將 `<p>`
元素的第一行設定為藍色。

```
\Ch09\pseudo1.html
<!DOCTYPE html>
<html>
  <head>
    <meta charset="utf-8">
    <title>我的網頁</title>
    <style>
      p::first-line {color: blue;}      /*虛擬元素*/
    </style>
  </head>
  <body>
    <p>床前明月光，<br>
       疑是地上霜。<br>
       舉頭望明月，<br>
       低頭思故鄉。</p>
  </body>
</html>
```

床前明月光，
疑是地上霜。
舉頭望明月，
低頭思故鄉。

```
<!DOCTYPE html>
<html>
  <head>
    <meta charset="utf-8">
    <title>我的網頁</title>
    <style>
      p::before {content: "♥";}        /*虛擬元素*/
      p::after {                        /*虛擬元素*/
        content: "(海明威)";
        color: blue;
      }
    </style>
  </head>
  <body>
    <p>世界是個美好的地方，值得我們去奮鬥。</p>
  </body>
</html>
```

♥世界是個美好的地方，值得我們去奮鬥。(海明威)

在這一個例子中，首先，我們使用虛擬元素 ::before 在 <p> 元素前面加上「♥」，此處是使用 content 屬性設定內容。

接著，我們使用虛擬元素 ::after 在 <p> 元素後前面加上「(海明威)」，並將前景色彩設定為藍色。

因此，在瀏覽結果中，名言前面會加上「♥」，而名言後面會加上藍色的「(海明威)」。

虛擬類別

虛擬類別（pseudo-class）用來選擇符合特定條件的資訊，或其它簡單的選擇器所無法表達的資訊。

CSS 提供許多虛擬類別，常見的如下，完整的說明可以到 https://www.w3.org/TR/selectors-3/ 查看。

:hover
游標移到但尚未點選的元素。

:focus
取得焦點的元素。

:active
點選的元素。

:first-child
第一個子元素。

:last-child
最後一個子元素。

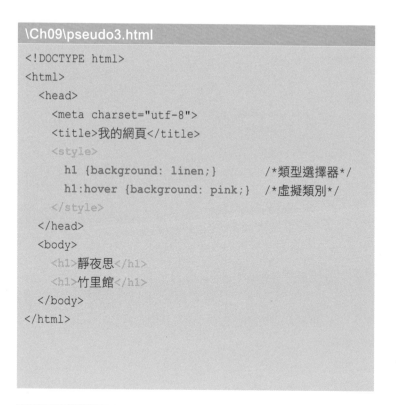

\Ch09\pseudo3.html

```html
<!DOCTYPE html>
<html>
  <head>
    <meta charset="utf-8">
    <title>我的網頁</title>
    <style>
      h1 {background: linen;}          /*類型選擇器*/
      h1:hover {background: pink;}    /*虛擬類別*/
    </style>
  </head>
  <body>
    <h1>靜夜思</h1>
    <h1>竹里館</h1>
  </body>
</html>
```

靜夜思

竹里館

在第一個例子中，我們使用 :hover 虛擬類別設定當游標移到 <h1> 元素時，就變更背景色彩。

因此，在瀏覽結果中，當游標移到 <h1> 元素時，背景色彩就會從亞麻色變成粉紅色。

```html
<!DOCTYPE html>
<html>
  <head>
    <meta charset="utf-8">
    <title>我的網頁</title>
    <style>
      a:link {color: black;}      /*虛擬類別*/
      a:visited {color: red;}     /*虛擬類別*/
    </style>
  </head>
  <body>
    <ul>
      <li><a href="poem1.html">靜夜思</a></li>
      <li><a href="poem2.html">竹里館</a></li>
      <li><a href="poem3.html">八陣圖</a></li>
    </ul>
  </body>
</html>
```

- <u>靜夜思</u> ❶
- <u>竹里館</u>
- <u>八陣圖</u> ❷

❶ 尚未瀏覽的超連結為黑色

❷ 已經瀏覽的超連結為紅色

:link

尚未瀏覽的超連結。

:visited

已經瀏覽的超連結。

:enabled

表單中啟用的欄位。

:disabled

表單中取消的欄位。

:checked

表單中選取的選擇鈕或核取
方塊。

在第二個例子中，我們使用
:link 與 :visited 兩個虛擬類
別將尚未瀏覽及已經瀏覽
的超連結色彩設定為黑色
和紅色。

樣式表的串接順序

樣式表的來源有下列幾種：

- **作者**（author）：HTML 文件的作者可以將樣式表加入 HTML 文件，也可以在 HTML 文件中使用外部的樣式表。

- **使用者**（user）：使用者可以自訂樣式表，然後令瀏覽器根據此樣式表顯示 HTML 文件。

- **使用者代理程式**（user agent）：諸如瀏覽器等使用者代理程式也會有預設的樣式表。

原則上，不同來源的樣式表會串接在一起，然而這些樣式表卻有可能針對相同的 HTML 元素，甚至彼此衝突。

舉例來說，作者將標題 1 設定為紅色，而使用者或瀏覽器卻將標題 1 設定為藍色或其它色彩。

此時，我們需要一個規則來決定優先順序，在沒有特別指定的情況下，這三種樣式表來源的**串接順序**（cascading order）如下（由高至低）：

1. 作者指定的樣式表

2. 使用者自訂的樣式表

3. 瀏覽器預設的樣式表

請注意，上面的串接順序是在沒有特別指定的情況下才成立，事實上，HTML 文件的作者或使用者可以在宣告的後面加上 **!important** 關鍵字，提高串接順序，例如：

```
body {color: red !important;}
```

一旦加上 !important 關鍵字，串接順序將變成如下（由高至低）：

1. 使用者自訂且加上 !important 關鍵字的樣式表

2. 作者指定且加上 !important 關鍵字的樣式表

3. 作者指定的樣式表

4. 使用者自訂的樣式表

5. 瀏覽器預設的樣式表

```
<!DOCTYPE html>
<html>
  <head>
    <meta charset="utf-8">
    <title>我的網頁</title>
    <style>
      h1 {color: blue;}
    </style>
  </head>
  <body>
    <h1 style="color: red;">靜夜思</h1>
  </body>
</html>
```

靜夜思

在這個例子中，我們先使用 <style> 元素將標題 1 設定為藍色，然後又使用 style 屬性將標題 1 設定為紅色。

由於 style 屬性的串接順序最高，因此，在瀏覽結果中，標題 1 的內容會顯示成紅色。

我們在前面介紹過，HTML 文件的作者可以透過下列四種方式使用樣式表，那麼串接順序又是如何呢？

● 使用 <style> 元素嵌入樣式表

● 使用 HTML 元素的 style 屬性設定樣式表

● 使用 <link> 元素連結樣式表檔案

● 使用 @import 規則匯入樣式表檔案

答案是第二種方式的串接順序最高，其它三種方式則取決於定義的早晚，愈晚定義的樣式表，串接順序就愈高。

若有多條樣式規則要套用到相同的元素，那麼串接順序又是如何呢？此時可以遵循下列原則：

後到者優先

當有多條樣式規則的選擇器相同時，後面的樣式規則比前面的優先。

範圍明確者優先

選擇器範圍明確的樣式規則優先，例如 p b 或 p.saying 均比 p 明確，所以比較優先。

標示重要者優先

在宣告的後面加上 !important 關鍵字的樣式規則優先，而且凌駕於前述兩者之上，例如 p {color: red !important;} 比 p {color: blue;} 優先。

\Ch09\order2.html

```html
<!DOCTYPE html>
<html>
  <head>
    <meta charset="utf-8">
    <style>
      p {color: red;}
      p {color: blue;}
      p.saying {color: green;}
    </style>
  </head>
  <body>
    <p>懷疑是智慧的源泉。</p>
    <p class="saying">我思故我在。</p>
  </body>
</html>
```

懷疑是智慧的源泉。

我思故我在。

在這個例子中，第一段的文字為藍色，因為後面的 p {color: blue;} 比 p {color: red;} 優先。

至於第二段的文字則為綠色，因為 p.saying {color: green;} 比 p {color: blue;} 明確。

繼承父元素的屬性值

```
<!DOCTYPE html>
<html>
  <head>
    <meta charset="utf-8">
    <title>我的網頁</title>
    <style>
      body {color: green; border: solid blue;}
      h1.poem {border: inherit;}
    </style>
  </head>
  <body>
    <h1>靜夜思</h1>
    <h1 class="poem">竹里館</h1>
  </body>
</html>
```

有些 CSS 屬性會被子元素繼承，舉例來說，假設 <body> 元素裡面有子元素 <h1>，當我們使用 color 屬性將網頁主體的文字色彩設定為綠色時，子元素 <h1> 會繼承父元素 <body> 的 color 屬性，所以標題 1 的文字色彩亦為綠色。

另外有些 CSS 屬性則不會被子元素繼承，舉例來說，當我們使用 border 屬性將網頁主體的框線設定為藍色實線時，子元素 <h1> 不會繼承父元素 <body> 的 border 屬性，所以標題 1 不會顯示框線。

靜夜思

竹里館

在這個例子中，第一個標題 1 不會顯示框線，因為它沒有繼承網頁主體的 border 屬性值。

至於第二個標題 1 則會顯示藍色框線，因為它被強制繼承網頁主體的 border 屬性值。

若要強制讓子元素繼承父元素的某個屬性值，可以將子元素的該屬性值設定為 **inherit**。

範例 ☓ ＋

← → C ⓘ 檔案 | C:/Users/Jean/Documents/Samples/Ch09/musi... ⊕ ☆ Smart PKI ● ⋮

美妙的音樂就有這樣的魔力，
萬種愁緒進入了夢鄉而安息，
在聽到樂聲的時候消亡。
—凱瑟琳王后《亨利八世》全集第七卷

巴哈（Johann Sebastian Bach 1685-1750）
　　約翰·瑟巴斯倩·巴哈的作品豐富，詠嘆調、e 小調三重奏、小提琴協奏曲、無伴奏大提琴奏鳴曲、馬太受難曲、 布蘭登堡協奏曲、十二平均律鋼琴曲集、郭德堡變奏曲等，截至目前，這些樂曲仍是演奏家的最愛。

貝多芬（Ludwig van Beethoven 1770-1827）
　　路德維希·范·貝多芬雖然雙耳失聰，卻是一位稟賦優異的音樂家，創作了克羅采小提琴奏鳴曲、 第三號交響曲「英雄」、「熱情奏鳴曲」、歌劇「費德里奧」、 小提琴協奏曲、第五號交響曲「命運」、第六號交響曲「田園」等不朽名作。

布拉姆斯（Johannes Brahms 1833-1897）
　　約翰尼斯·布拉姆斯生性沈靜嚴肅，自幼開始學習音樂。由於不喜歡戲劇性的誇張，因此，他的作品裡面沒有當時盛行的歌劇，而是以鋼琴奏鳴曲、鋼琴協奏曲為主。

範例

這個例子是一個音樂相關的網頁,改編自第 3 章最後一個範例,使用 CSS 來控制網頁的外觀,讓網頁增添更多色彩。

此處是使用外部 CSS,將樣式表儲存在外部檔案 (music3.css),然後在 HTML 文件中 (music3.html) 使用 <link> 元素連結此檔案。

除了使用 color 和 background 兩個屬性設定前景色彩與背景色彩之外,同時使用 font-style: italic 和 font-weight: bold 兩個屬性取代原本的 <i> 與 <b> 兩個元素。有關這些 CSS 屬性的語法,我們會在接下來的章節中做說明,您可以先簡略看過。

為了方便講解語法並配合版面編排,本書範例程式大多設計成單一網頁,然後使用 <style> 元素嵌入樣式表或使用 HTML 元素的 style 屬性設定樣式表。

不過,在實際開發網站時,外部 CSS 則是比較常見的做法,這樣可以將網頁的內容與外觀分隔開來,一旦要變更外觀,只要修改樣式表檔案即可,有利於後續的維護與更新。

```html
<!DOCTYPE html>
<html>
  <head>
    <meta charset="utf-8">
    <title>範例</title>
    <link rel="stylesheet" type="text/css" href="music3.css">
  </head>
  <body>
    <blockquote>美妙的音樂就有這樣的魔力，<br>
      萬種愁緒進入了夢鄉而安息，<br>
      在聽到樂聲的時候消亡。<br>
      －凱瑟琳王后《亨利八世》全集第七卷
    </blockquote>
    <hr>
    <dl>
      <dt>巴哈 (Johann Sebastian Bach 1685-1750) </dt>
      <dd>約翰‧瑟巴斯倩‧巴哈的作品豐富，詠嘆調、e 小調三重奏、小提琴
        協奏曲、無伴奏大提琴奏鳴曲、馬太受難曲、布蘭登堡協奏曲、十二平均律
        鋼琴曲集、郭德堡變奏曲等，截至目前，這些樂曲仍是演奏家的最愛。</dd>
      <dt>貝多芬 (Ludwig van Beethoven 1770-1827) </dt>
      <dd>路德維希‧范‧貝多芬雖然雙耳失聰，卻是一位稟賦優異的音樂家，
        創作了克羅采小提琴奏鳴曲、第三號交響曲「英雄」、「熱情奏鳴曲」、
        歌劇「費德里奧」、小提琴協奏曲、第五號交響曲「命運」、第六號交響曲
        「田園」等不朽名作。</dd>
      <dt>布拉姆斯 (Johannes Brahms 1833-1897) </dt>
      <dd>約翰尼斯‧布拉姆斯生性沈靜嚴肅，自幼開始學習音樂。由於不喜歡
        戲劇性的誇張，因此，他的作品裡面沒有當時盛行的歌劇，而是以鋼琴
        奏鳴曲、鋼琴協奏曲為主。</dd>
    </dl>
  </body>
</html>
```

```css
/*網頁主體樣式*/
body {
  color: olive;                    /*前景色彩為橄欖色*/
  background: linen;               /*背景色彩為亞麻色*/
}

/*引述區塊樣式*/
blockquote {
  color: indianred;               /*前景色彩為印地安紅色*/
  font-style: italic;             /*文字樣式為斜體*/
}

/*定義清單的「定義」樣式*/
dt {
  color: green;                   /*前景色彩為綠色*/
  font-weight: bold;              /*文字粗細為粗體*/
}
```

10

色彩、字型與文字

適當的色彩、字型與文字在網頁設計上扮演了舉足輕重的角色，不僅有助於傳達正確的資訊，同時能夠塑造網頁的視覺效果與整體形象。

在本章中，您將學會：

- ◆ 設定前景色彩、背景色彩與透明度
- ◆ 設定文字的字型、大小、斜體、粗細與行高
- ◆ 使用伺服器端的字型
- ◆ 設定文字的大小寫轉換與首行縮排
- ◆ 設定字母間距、文字間距與文字斷行
- ◆ 設定文字裝飾、文字陰影、文字對齊與垂直對齊

RGB 色彩模式

RGB 色彩模式是以紅 (Red)、綠 (Green)、藍 (Blue) 三原色依不同比例相加來產生色彩,而且會愈加愈亮,故又稱為「加色法」,電腦螢幕就是採取這種模式來顯示每個像素的色彩。

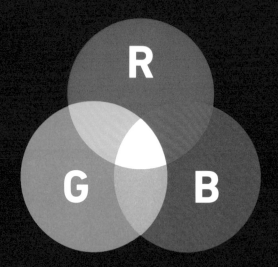

色彩名稱	RGB 值	HEX 碼
這是使用 red、green、blue、white、black、pink、yellow、cyan、linen、orange、brown 等色彩名稱來表示色彩。	這是使用十進位來表示色彩,以小括號括起來,裡面有三組 0～255 的數值,以逗號隔開,代表紅、綠、藍級數,例如紅色 (red) 的 RGB 值為 (255, 0, 0),白色 (white) 的 RGB 值為 (255, 255, 255),粉紅色 (pink) 的 RGB 值為 (255, 192, 203)。	這是使用十六進位來表示色彩,以 # 符號開頭,後面有三組 00～ff 的數值,代表紅、綠、藍級數,例如紅色 (red) 的 HEX 碼為 #ff0000,白色 (white) 的 HEX 碼為 #ffffff,粉紅色 (pink) 的 HEX 碼為 #ffc-0cb,其中 ff、c0、cb 就相當於 255、192、203。
有關 HTML 與 CSS 支援的色彩名稱,可以在瀏覽器輸入「HTML 色彩名稱」進行搜尋,數量有限,大約 140 個左右。		

HSL 色彩模式

CSS3 新增支援 HSL 色彩模式，以色相 (Hue)、飽和度 (Saturation) 和明度 (Lightness) 來表示色彩。

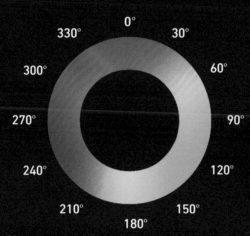

(圖片來源：CSS3 文件)

色相

這是色彩的基本屬性，也就是平常所說的紅色、綠色等色彩，值為 0 ~ 360，以上圖的色輪來呈現，角度代表色彩，例如 0 度為紅色。

飽和度

這是色彩的純度，值為 0% ~ 100%，值愈高，色彩就愈飽和愈鮮艷，值愈低，色彩就愈接近灰色，0% 為灰色，100% 為全彩度。

明度

這是色彩的明暗度，值為 0% ~ 100%，值愈高，色彩就愈亮，0% 為黑色，100% 為白色，50% 為正常，例如 (0, 100%, 50%) 為紅色。

前景色彩

color

前景色彩（foreground color）指的是系統目前預設的套用色彩，例如網頁的文字是採取前景色彩；相反的，**背景色彩**（background color）指的是基底影像下預設的底圖色彩，例如網頁的背景是採取背景色彩。

color 屬性用來設定 HTML 元素的前景色彩，設定方式如下：

色彩名稱

這是以 red、green、blue、white、black、yellow 等色彩名稱來設定色彩，例如下面的樣式規則是將標題 1 的前景色彩（即文字色彩）設定為紅色：

```
h1 {color: red;}
```

rgb(r, g, b)

這是以紅、綠、藍三原色的比例來設定色彩，例如下面的樣式規則是將標題 1 的前景色彩設定為紅 100%、綠 0%、藍 0%，也就是紅色：

```
h1 {color: rgb(100%, 0%, 0%);}
```

我們也可以將紅、綠、藍三原色各自劃分為 0 ~ 255 共 256 個級數，例如前述的樣式規則可以改寫成如下，由於紅、綠、藍為 100%、0%、0%，因此，在轉換成級數後會分別對應到 255、0、0：

```
h1 {color: rgb(255, 0, 0);}
```

#rrggbb

這是 rgb(r, g, b) 的十六進位表示法，以 # 符號開頭，後面有三組 00 ~ ff 的數值，代表紅、綠、藍級數，例如前述的樣式規則可以改寫成如下，其中 ff、00、00 就相當於 255、0、0：

```
h1 {color: #ff0000;}
```

rgba(r, g, b, alpha)

這比 rgb(r, g, b) 多了參數 alpha，用來設定透明度，值為 0.0 ~ 1.0，表示完全透明 ~ 完全不透明，數字愈大就愈不透明。

例如下面的樣式規則是將標題 1 的前景色彩設定為紅色、透明度為 0.3：

```
h1 {color: rgba(255, 0, 0, 0.3);}
```

hsl(*h*, *s*, *l*)

這是以色相、飽和度、明度來設定色彩,例如下面的樣式規則是將標題 1 的前景色彩設定為紅色:

```
h1 {color: hsl(0, 100%, 50%);}
```

hsla(*h*, *s*, *l*, *alpha*)

這比 hsl(*h*, *s*, *l*) 多了參數 *alpha*,用來設定透明度,值為 0.0 ~ 1.0,表示完全透明 ~ 完全不透明。

例如下面的樣式規則是將標題 1 的前景色彩設定為紅色、透明度為 0.3:

```
h1 {color:hsla(0, 100%, 50%, 0.3);}
```

在這個例子中,我們示範了前述幾種設定方式的瀏覽結果供您參考,其中第四、六種為紅色、透明度 0.3,所以會在紅色裡面透出白色的背景。

語法:

```
color: 色彩
```

\Ch10\color1.html

```html
<h1 style="color: red;">靜夜思</h1>
<h1 style="color: rgb(255, 0, 0);">靜夜思</h1>
<h1 style="color: #ff0000;">靜夜思</h1>
<h1 style="color: rgba(255, 0, 0, 0.3);">靜夜思</h1>
<h1 style="color: hsl(0, 100%, 50%);">靜夜思</h1>
<h1 style="color: hsla(0, 100%, 50%, 0.3);">靜夜思</h1>
```

靜夜思

靜夜思

靜夜思

靜夜思

靜夜思

靜夜思

背景色彩

background-color

background-color 屬性用來設定 HTML 元素的背景色彩，設定值如下：

transparent

透明（預設值）。

色彩

設定方式和 color 屬性相同。

網頁的視覺效果要好，除了前景色彩設定得當，背景色彩更具有畫龍點睛之效，它可以將前景色彩襯托得更出色。

在這個例子中，我們先將網頁的背景色彩設定為橙色，然後將標題 1 的背景色彩設定為白色、透明度 0.7，所以會在白色裡面透出橙色的背景。

```
background-color: transparent | 色彩
```

\Ch10\color2.html

```
<!DOCTYPE html>
<html>
  <head>
    <meta charset="utf-8">
    <title>我的網頁</title>
    <style>
      body {background-color: #ffbda3;}
      h1 {background-color: rgba(255, 255, 255, 0.7);}
    </style>
  </head>
  <body>
    <h1>靜夜思</h1>
  </body>
</html>
```

靜夜思

透明度

\Ch10\opacity.html

```
<img src="bird2.jpg" width="200">
<img src="bird2.jpg" width="200" style="opacity: 0.5;">
<h1>乖乖與包包</h1>
<h1 style="opacity: 0.5;">乖乖與包包</h1>
```

opacity

opacity 屬性用來設定 HTML 元素的透明度，值為 0.0 ~ 1.0，表示完全透明 ~ 完全不透明。

在這個例子中，我們將第二張圖片和第二個標題 1 的透明度設定為 0.5，所以兩者會呈現出半透明的效果。

乖乖與包包 ❸

乖乖與包包 ❹

❶ 正常的圖片

❷ 透明度 0.5 的圖片

❸ 正常的標題 1

❹ 透明度 0.5 的標題 1

文字字型

font-family

font-family 屬性用來設定 HTML 元素的文字字型，而且可以一次設定多個字型，中間以逗號隔開，排在愈前面，優先順序就愈高。

在這個例子中，我們將英文句子的字型設定為 Arial, 'Times New Roman'，瀏覽器會優先使用前者，若用戶端沒有安裝前者，就會使用後者，若用戶端仍沒有安裝後者，就會使用系統預設的字型。

同理，我們將中文句子的字型設定為細圓體，標楷體，由於用戶端沒有安裝細圓體，所以會使用標楷體。

語法：

font-family: 字型名稱

\Ch10\fontfamily.html

```html
<p style="font-family: Arial, 'Times New Roman';">
  Stay hungry.<br>
  Stay foolish.</p>
<p style="font-family: 細圓體, 標楷體;">
  求知若飢，<br>
  虛心若愚。</p>
```

Stay hungry.
Stay foolish.

求知若飢，
虛心若愚。

當我們在選擇字型時，必須考慮到辨識度與可讀性，例如數字 1、字母 i、I 或 l 應該要能夠清楚區分。

此外，字距不要太大或太小，以免顯得鬆散或壓迫，而且盡量不要在同一頁面使用太多字型，以免顯得紊亂。

文字大小

font-size

font-size 屬性用來設定 HTML 元素的文字大小，有**長度** (length)、**百分比** (percentage)、**絕對大小** (absolute-size) 和**相對大小** (relative-size) 等四種設定值。

在這個例子中，我們採取絕對大小來設定文字大小，總共有 xx-small、x-small、small、medium、large、x-large、xx-large 等 7 級大小。

語法：

```
font-size: 長度 | 百分比 | 絕對大小 | 相對大小
```

\Ch10\fontsize.html

```
<p style="font-size: xx-small;">快樂 Happy</p>
<p style="font-size: x-small;">快樂 Happy</p>
<p style="font-size: small;">快樂 Happy</p>
<p style="font-size: medium;">快樂 Happy</p>
<p style="font-size: large;">快樂 Happy</p>
<p style="font-size: x-large;">快樂 Happy</p>
<p style="font-size: xx-large;">快樂 Happy</p>
```

快樂Happy

快樂Happy

快樂Happy

快樂Happy

快樂Happy

快樂Happy

快樂Happy

長度與百分比

我們可以使用**長度**來設定文字大小，CSS 針對長度提供了下列幾種度量單位。

度量單位	說明
px	像素 (pixel)
pt	點 (point)，1 點相當於 1/72 英吋
pc	pica，1pica 相當於 1/6 英吋
em	所使用之字型的大寫英文字母 M 的寬度
ex	所使用之字型的小寫英文字母 x 的高度
in	英吋 (inch)
cm	厘米（公分）
mm	毫米（公厘）

使用長度來設定文字大小是相當直覺的，要注意的是度量單位必須標示清楚，在 CSS 所提供的度量單位中，以 px（像素）最常用，例如下面的樣式規則會將標題 1 的文字大小設定為 30 像素：

此外，我們也可以使用百分比來設定文字大小，這是以目前的文字大小為基準，舉例來說，假設標題 1 目前的文字大小為 40px，那麼下面的樣式規則會將標題 1 的文字大小設定為 40px×75% = 30px：

```
h1 {font-size: 30px;}
```

```
h1 {font-size: 75%;}
```

絕對大小與相對大小

CSS 預先定義的**絕對大小**有 **xx-small**、**x-small**、**small**、**medium**、
large、**x-large**、**xx-large** 等設定值 (由小到大)，瀏覽結果如下圖。

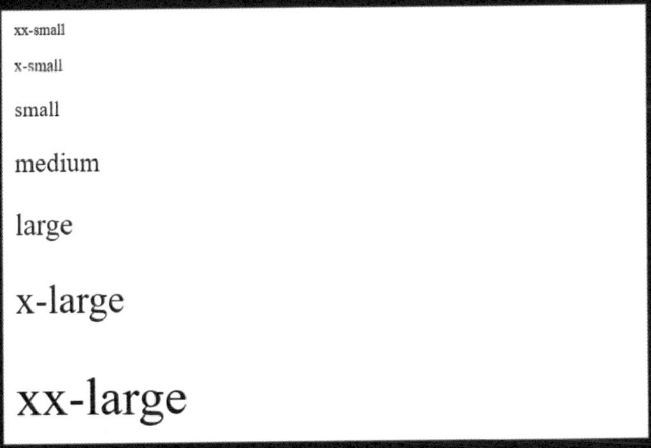

```
xx-small

x-small

small

medium

large

x-large

xx-large
```

原則上，這 7 級大小是以預設值 medium 為基準，每跳一級就縮小或放大 1.2 倍 (在 CSS1 中則為 1.5 倍)，而 medium 可能是瀏覽器預設的文字大小或目前的文字大小，例如下面的樣式規則會將標題 1 的文字大小設定為 xx-large：

```
h1 {font-size: xx-large;}
```

此外，CSS 預先定義的**相對大小**有 **smaller** 和 **larger** 兩個設定值，表示比目前的文字大小縮小一級或放大一級，舉例來說，假設標題 1 目前的文字大小為 large，那麼下面的樣式規則會將標題 1 的文字大小設定為 large 放大一級，也就是 x-large：

```
h1 {font-size: larger;}
```

文字樣式

font-style

font-style 屬性用來設定 HTML 元素的文字樣式，設定值如下：

normal
正常（預設值）。

italic
斜體，指的是正常字型的手寫版本。

oblique
傾斜體，指的是透過數學演算的方式將正常字型傾斜一個角度。

有些字型會提供正常和斜體兩種版本，有些字型則只有正常版本。若沒有斜體，瀏覽器就會以相同方式來顯示斜體和傾斜體。

語法：

```
font-style: normal | italic | oblique
```

\Ch10\fontstyle.html

```html
<p style="font-style: normal;">快樂 Happy</p>
<p style="font-style: italic;">快樂 Happy</p>
<p style="font-style: oblique;">快樂 Happy</p>
```

快樂Happy

快樂*Happy*

快樂*Happy*

在這個例子中，我們示範了正常、斜體、傾斜體等三種文字樣式的瀏覽結果供您參考。

由於系統預設的字型只有正常版本，沒有斜體，因此，斜體和傾斜體的瀏覽結果是相同的。

文字粗細

fonl-weight

font-weight 屬性用來設定 HTML 元素的文字粗細,設定值如下:

絕對粗細

normal 表示正常(預設值),相當於數值 400,**bold** 表示粗體,相當於數值 900。

相對粗細

bolder 表示比目前的文字粗細更粗,**lighter** 表示比目前的文字粗細更細。

數值

1 ~ 1000 的數值,數值愈大,文字就愈粗。

在這個例子中,我們示範了數種文字粗細的瀏覽結果供您參考。

```
font-weight: normal | bold | bolder | lighter | 數值
```

\Ch10\fontweight.html

```
<p style="font-weight: normal;">快樂 Happy</p>
<p style="font-weight: bold;">快樂 Happy</p>
<p style="font-weight: bolder;">快樂 Happy</p>
<p style="font-weight: lighter;">快樂 Happy</p>
<p style="font-weight: 400;">快樂 Happy</p>
<p style="font-weight: 900;">快樂 Happy</p>
```

快樂Happy

快樂Happy

快樂Happy

快樂Happy

快樂Happy

快樂Happy

行高

line-height

line-height 屬性用來設定
HTML 元素的行高，設定值
如下：

normal

正常（預設值）。

數值

使用數值設定幾倍行高，例
如 line-height: 2 表示兩倍
行高。

長度

使 用 px、pt、pc、em、
ex、in、cm、mm 等 度 量
單位設定行高，例如 line-
height: 20px 表示行高為 20
像素。

百分比

使用百分比設定行高，例如
line-height: 150% 表示目前
行高的 1.5 倍。

語法：

```
line-height: normal ｜ 數值 ｜ 長度 ｜ 百分比
```

\Ch10\lineheight.html

```
<p style="line-height: normal;">
    床前明月光，疑似地上霜。<br>
    舉頭望明月，低頭思故鄉。</p>
<p style="line-height: 2;">
    獨坐幽篁裡，彈琴復長嘯。<br>
    深林人不知，明月來相照。</p>
```

❶ 床前明月光，疑似地上霜。
  舉頭望明月，低頭思故鄉。

❷ 獨坐幽篁裡，彈琴復長嘯。

  深林人不知，明月來相照。

❶ 正常行高

❷ 兩倍行高

文字變化

font-variant

font-variant 屬性用來設定 HTML 元素的文字變化，CSS2.1 提供的設定值如下：

normal
正常（預設值）。

small-caps
小型大寫字（字體較小但全部大寫）。

CSS3 則提供更多設定值，例如 all-small-caps、petite-caps、all-petite-caps、unicase、ordinal、slashed-zero 等，不過，目前主要瀏覽器尚未提供實作。

```
font-variant: normal | small-caps
```

\Ch10\fontvariant.html

```
<p style="font-variant: normal;">Birthday</p>
<p style="font-variant: small-caps;">Birthday</p>
```

❶ Birthday

❷ BIRTHDAY

❶ 正常

❷ 小型大寫字

字型速記

font

font 屬性是 font-style、font-variant、font-weight、font-size、line-height、font-family 等屬性的速記。

這些屬性值的中間以空白隔開，省略不寫的屬性值會使用預設值，而 font-variant 屬性只能使用 normal 和 small-caps 兩個設定值。

至 於 caption、icon、menu、message-box、small-caption、status-bar 等設定值則是參照系統字型，分別代表按鈕等控制項、圖示標籤、功能表、對話方塊、小控制項、狀態列的字型。

語法：

```
font: [[<font-style> || <font-variant > || <font-weight>]
  <font-size> [/<line-height>] <font-family>] | caption |
  icon | menu | message-box | small-caption | status-bar
```

\Ch10\font.html

```
<p style="font: bold italic large Arial;">
  Stay hungry.<br>
  Stay foolish.</p>
<p style="font: 20px/30px 標楷體;">
  求知若飢，<br>
  虛心若愚。</p>
```

① *Stay hungry.*
**   *Stay foolish.***

② 求知若飢，
**   虛心若愚。**

① 文字大小為 large、字型為 Arial、粗體、斜體

② 文字大小為 20 像素、行高為 30 像素、字型為標楷體

伺服器端的字型

```
@font-face {font-family: 字型名稱; src: 字型檔網址;}
```

\Ch10\fontface.html

```html
<!DOCTYPE html>
<html>
  <head>
    <meta charset="utf-8">
    <title>我的網頁</title>
    <style>
      @font-face {
        font-family: "Dutch801 XBd BT";
        src: url("dut801xb.ttf");
      }
      p {font-family: "Dutch801 XBd BT", Arial;}
    </style>
  </head>
  <body>
    <p>Happy new year!</p>
  </body>
</html>
```

Happy new year!

@font-face

CSS2.1 只允許我們在網頁上顯示用戶端安裝的字型，而 CSS3 新增了 **@font-face** 規則，用來使用伺服器端安裝的字型，其中 font-family 屬性用來設定字型名稱，而 src 屬性用來設定字型檔網址。

在這個例子中，我們將段落的字型設定為伺服器端的字型 Dutch801 XBd BT，字型檔網址為 dut801xb.ttf。

請注意，大部分的字型都有版權，網路上有些字型是開放原始碼，可以免費使用，有些字型則會限制個人用途，不能使用在商業網站。

大小寫轉換

text-transform

text-transform 屬性用來設定 HTML 元素的大小寫轉換方式，設定值如下：

none
無（預設值）。

capitalize
單字的第一個字母大寫。

uppercase
全部大寫。

lowercase
全部小寫。

在這個例子中，我們使用英文單字 Birthday 示範了前述四種設定值的瀏覽結果供您參考。

語法：

```
text-transform: none | capitalize | uppercase | lowercase
```

\Ch10\transform.html

```html
<p style="text-transform: none;">Birthday</p>
<p style="text-transform: capitalize;">Birthday</p>
<p style="text-transform: uppercase;">Birthday</p>
<p style="text-transform: lowercase;">Birthday</p>
```

❶ Birthday

❷ Birthday

❸ BIRTHDAY

❹ birthday

❶ 無

❷ 第一個字母大寫

❸ 全部大寫

❹ 全部小寫

首行縮排

text-indent

text-indent 屬性用來設定 HTML 元素的首行縮排,設定值如下:

語法:

text-indent: 長度 | 百分比

\Ch10\textindent.html

```
<p style="text-indent. 0 5cm;">缺月挂疏桐,…。</p>
<p style="text-indent: 10%;">十年生死兩茫茫,…。</p>
```

　　缺月挂疏桐,漏斷人初靜。誰見幽人獨往來?飄渺孤鴻影。驚起卻回頭,有恨無人省。揀盡寒枝不肯棲,寂寞沙洲冷。

　　十年生死兩茫茫,不思量,自難忘。千里孤墳,無處話淒涼。縱使相逢應不識,塵滿面,鬢如霜。夜來幽夢忽還鄉,小軒窗,正梳妝。

① 首行縮排為 0.5 公分

② 首行縮排為段落寬度的 10%

長度

使用 px、pt、pc、em、ex、in、cm、mm 等度量單位設定首行縮排的長度,例如 p {text-indent: 20px;} 是將段落的首行縮排設定為 20 像素。

百分比

使用百分比設定首行縮排的寬度比例,例如 p {text-indent: 10%;} 是將段落的首行縮排設定為段落寬度的 10%。

在這個例子中,第一段的首行縮排為 0.5 公分,而第二段的首行縮排為段落寬度的 10%。

字母間距

letter-spacing

letter-spacing 屬性用來設定 HTML 元素的字母間距，設定值如下：

normal

正常（預設值）。

長度

使用 px、pt、pc、em、ex、in、cm、mm 等度量單位設定字母間距的長度。

在這個例子中，我們使用中英文字示範了字母間距為正常、5 像素和 0.5 公分的瀏覽結果供您參考。

語法：

```
letter-spacing: normal | 長度
```

\Ch10\letterspace.html

```
<p style="letter-spacing: normal;">快樂 Happy</p>
<p style="letter-spacing: 5px;">快樂 Happy</p>
<p style="letter-spacing: 0.5cm;">快樂 Happy</p>
```

❶ 快樂Happy

❷ 快 樂 H a p p y

❸ 快　 樂　 H　 a　 p　 p　 y

❶ 字母間距為正常

❷ 字母間距為 5 像素

❸ 字母間距為 0.5 公分

文字間距

word-spacing

word-spacing 屬性用來設定 HTML 元素的文字間距，設定值如下：

語法：

```
word-spacing: normal | 長度 | 百分比
```

\Ch10\wordspace.html

```
<p style="word-spacing: normal;">Happy new year!</p>
<p style="word-spacing: 20px;">Happy new year!</p>
```

Happy new year!

Happy   new   year!

以 Tom Cat 為 例，Tom、Cat 為單字，而 T、o、m、C、a、t 為字母。

在這個例子中，我們示範了文字間距為正常和 20 像素的瀏覽結果供您參考。

normal

正常（預設值）。

長度

使 用 px、pt、pc、em、ex、in、cm、mm 等度量單位設定文字間距的長度。

百分比

使用百分比設定文字間距，例如 word-spacing: 200% 表示目前文字間距的兩倍。

提醒您，「文字間距」是單字與單字之間的距離，而「字母間距」是字母與字母之間的距離。

空白字元

white-space

white-space 屬性用來設定 HTML 元素的換行、定位點/空白、自動換行的顯示方式，設定值有 normal、pre、nowrap、pre-wrap、pre-line，預設值為 normal。

這些設定值的顯示方式如右表所示，Yes 表示會顯示在網頁上，No 表示不會顯示在網頁上。

在這個例子中，由於我們將段落的 white-space 屬性設定為 pre，因此，換行與定位點/空白都會顯示在網頁上。

語法：

```
white-space: normal | pre | nowrap |
             pre-wrap | pre-line
```

	換行	定位點/空白	自動換行
normal	No	No	Yes
pre	Yes	Yes	No
nowrap	No	No	No
pre-wrap	Yes	Yes	Yes
pre-line	Yes	No	Yes

\Ch10\whitespace.html

```
<p style="white-space: pre;">
void main()
{
    printf("Hello, world!\n");
}
</p>
```

```
void main()
{
    printf("Hello, world!\n");
}
```

文字斷行

word-break

word-break 屬性用來設定 HTML 元素的文字斷行規則，設定值如下：

語法：

```
word-break: normal | break-all | keep-all
```

\Ch10\wordbreak.html

```html
<div style="width: 200px; background: pink;">
  <p style="word-break: normal;">Eyes are …</p>
  <p style="word-break: break-all;">Eyes are …</p>
  <p style="word-break: keep-all;">Eyes are …</p>
</div>
```

normal
正常（預設值）。

break-all
為了避免超出區塊範圍，可以在任意兩個字元之間斷行。

keep-all
不允許中文 / 日文 / 韓文的字句之間隨意斷行。

在這個例子中，我們先將區塊的寬度與背景色彩設定為 200 像素和粉紅色，這樣可以看得比較清楚，然後示範了前述三種文字斷行規則的瀏覽結果供您參考。

① Eyes are raining for her, heart is holding umbrella for her, this is love.眼睛為她下著雨，心卻為她打著傘，這就是愛情。

② Eyes are raining for her, heart i s holding umbrella for her, this is love.眼睛為她下著雨，心卻為她打著傘，這就是愛情。

② Eyes are raining for her, heart is holding umbrella for her, this is love.
眼睛為她下著雨，
心卻為她打著傘，
這就是愛情。

① normal ② break-all ③ keep-all

文字裝飾

text-decoration-line
text-decoration-style
text-decoration-color

text-decoration-line 屬性用來設定 HTML 元素的文字裝飾線條，設定值有 none（無）、underline（底線）、overline（頂線）、line-through（刪除線）。

text-decoration-style 屬性用來設定 HTML 元素的文字裝飾樣式，設定值有 solid（實線）、double（雙線）、dotted（點線）、dashed（虛線）、wavy（波浪線）。

text-decoration-color 屬性用來設定 HTML 元素的文字裝飾色彩。

語法：

```
text-decoration-line: none | underline | overline | line-through
text-decoration-style: solid | double | dotted | dashed | wavy
text-decoration-color: 色彩
```

\Ch10\decoration1.html

```
<h1 style="text-decoration-line: underline;
  text-decoration-style: wavy;
    text-decoration-color: red;">靜夜思</h1>
<h1 style="text-decoration-line: overline;
  text-decoration-style: dotted;
    text-decoration-color: blue;">竹里館</h1>
```

靜夜思 ❶
竹里館 ❷

❶ 紅色波浪狀底線

❷ 藍色點狀頂線

文字裝飾速記

語法：

```
text-decoration: <text-decoration-line> ||
                 <text-decoration-style> ||
                 <text-decoration-color>
```

text-decoration 屬 性
是 text-decoration-line、
text-decoration-style、text-
decoration-color 等屬性的
速記，用來設定 HTML 元
素的文字裝飾，包括線條、
樣式與色彩。

\Ch10\decoration2.html

```
<h1 style="text-decoration: underline wavy red;">
    靜夜思</h1>
<h1 style="text-decoration: overline dotted blue;">
    竹里館</h1>
```

這些屬性值的中間以空白隔
開，沒有順序之分。

在這個例子中，我們使用
text-decoration 屬性改寫
decoration1.html，瀏覽結
果相同，但程式碼變得更
簡潔了。

靜夜思 ❶

竹里館 ❷

❶ 紅色波浪狀底線

❷ 藍色點狀頂線

文字陰影

text-shadow

text-shadow 屬性用來設定 HTML 元素的文字陰影，設定值如下：

none

無（預設值）。

水平位移 垂直位移 模糊 色彩

「水平位移」是陰影在水平方向的位移為幾像素，正數會顯示在文字右方，負數會顯示文字左方，0 會顯示在文字本身；「垂直位移」是陰影在垂直方向的位移為幾像素，正數會顯示在文字下方，負數會顯示在文字上方，0 會顯示在文字本身；「模糊」是陰影的模糊輪廓為幾像素；「色彩」是陰影的色彩。

\Ch10\textshadow.html

```
<h1 style="text-shadow: 12px 8px 5px cyan;">
   Happy new year!</h1>
<h1 style="text-shadow: -12px -8px 5px cyan;">
   Happy new year!</h1>
<h1 style="text-shadow: 10px 10px 2px orange,
   20px 20px 2px silver;">Happy new year!</h1>
<h1 style="color: white; text-shadow: 1px 1px 2px black,
   0 0 15px blue, 0 0 2px blue;">Happy new year!</h1>
```

Happy new year!

Happy new year!

Happy new year!

Happy new year!

在這個例子中，我們示範了四個文字陰影的瀏覽結果供您參考。

請注意，第三、四個文字陰影分別有兩層和三層陰影，中間以逗號隔開。

文字對齊

text-align

text-align 屬性用來設定 HTML 元素的文字對齊方式，設定值如下：

left
靠左對齊。

right
靠右對齊。

center
置中。

justify
左右對齊，也就是除了最後一行之外，其它行的文字都會對齊左右兩側。

在這個例子中，我們使用一段英文詩句示範了前述四種設定值的瀏覽結果供您參考。

語法：

```
text-align: left | right | center | justify
```

\Ch10\textalign.html

```
<p style="text-align: left;">Eyes are raining…</p>
<p style="text-align: right;">Eyes are raining…</p>
<p style="text-align: center;">Eyes are raining…</p>
<p style="text-align: justify;">Eyes are raining…</p>
```

❶ Eyes are raining for her, heart is holding umbrella for her, this is love.

❷ Eyes are raining for her, heart is holding umbrella for her, this is love.

❸ Eyes are raining for her, heart is holding umbrella for her, this is love.

❹ Eyes are raining for her, heart is holding umbrella for her, this is love.

❶ 靠左對齊

❷ 靠右對齊

❸ 置中

❹ 左右對齊

垂直對齊

vertical-align

vertical-align 屬性用來設定行內層級元素或表格儲存格的垂直對齊方式，設定值如下：

baseline
將元素對齊父元素的基準線（預設值）。

sub
將元素對齊父元素的下標。

supper
將元素對齊父元素的上標。

text-top
將元素對齊整行文字的頂端。

text-bottom
將元素對齊整行文字的文字底部。

語法：

```
vertical-align: baseline | sub | super | text-top | text-bottom
                | middle | top | bottom | 百分比 | 長度
```

\Ch10\valign1.html

```
<h1>X<span style="vertical-align: super;">3</span></h1>
<h1>CO<span style="vertical-align: sub;">2</span></h1>
```

$$X^3$$

$$CO_2$$

在這個例子中，我們使用 vertical-align 屬性取代 HTML 提供的 <sup> 與 <sub> 兩個元素來設定上標和下標。

由於 vertical-align 屬性不會改變元素的文字大小，有需要的話，可以搭配 font-size 屬性來做設定，例如將上標或下標改小。

middle

將元素對齊整行文字的中間。

top

將元素對齊整行元素的頂端。

bottom

將元素對齊整行元素的底部。

長度

將元素往上移指定的長度，若為負值，表示往下移。

百分比

將元素往上移指定的百分比，若為負值，表示往下移。

```
【ch10\valign2.html】
<p>玫瑰<img src="rose.jpg" width="55px"
  style="vertical-align: text-top;">與咖啡</p>
<p>玫瑰<img src="rose.jpg" width="55px"
  style="vertical-align: text-bottom;">與咖啡</p>
<p>玫瑰<img src="rose.jpg" width="55px"
  style="vertical-align: middle;">與咖啡</p>
<p>玫瑰<img src="rose.jpg" width="55px"
  style="vertical-align: 20px;">與咖啡</p>
```

❶ text-top　❷ text-bottom　❸ middle　❹ 20px

唐詩欣賞

無題(李商隱)

　　相見時難別亦難，東風無力百花殘。春蠶到死絲方盡，蠟炬成灰淚始乾。曉鏡但愁雲鬢改，夜吟應覺月光寒。蓬萊此去無多路，青鳥殷勤為探看。

錦瑟(李商隱)

　　錦瑟無端五十弦，一弦一柱思華年。莊生曉夢迷蝴蝶，望帝春心託杜鵑。滄海月明珠有淚，藍田日暖玉生煙。此情可待成追憶，只是當時已惘然。

範例

這個例子是一個唐詩相關的網頁，裡面使用 CSS 來設定兩首七言律詩的樣式。

首先，將七言律詩的標題、作者與詩句撰寫在 HTML 文件 (twopoems.html)，然後使用 <link> 元素連結樣式表檔案 (twopoems.css)。

接著，在樣式表檔案中針對 <body>、<h1>、<h2>、<p>、<small> 等元素設定樣式，例如針對 <h2> 元素將七言律詩的標題設定為大小 30 像素、粗體、置中、白色文字、綠色背景。

如此一來，無論網頁上有幾首七言律詩，其標題與詩句都會套用各自的樣式，不再只是單調的黑白色或細明體。

若寫好的樣式表沒有生效，您可以試著檢查下列情況：

- 屬性名稱與值有沒有拼錯？
- 大括號 {}、冒號 :、分號 ;有無遺漏、誤用全形或放錯位置？
- 選擇器是否正確？
- 網頁和樣式表檔案是否有存檔？

```
<!DOCTYPE html>
<html>
  <head>
    <meta charset="utf-8">
    <title>範例</title>
    <link rel="stylesheet" type="text/css" href="twopoems.css">
  </head>
  <body>
    <h1>唐詩欣賞</h1>
    <h2>無題<small>(李商隱)</small></h2>
    <p>相見時難別亦難,
        東風無力百花殘。
        春蠶到死絲方盡,
        蠟炬成灰淚始乾。
        曉鏡但愁雲鬢改,
        夜吟應覺月光寒。
        蓬萊此去無多路,
        青鳥殷勤為探看。</p>
    <h2>錦瑟<small>(李商隱)</small></h2>
    <p>錦瑟無端五十弦,
        一弦一柱思華年。
        莊生曉夢迷蝴蝶,
        望帝春心托杜鵑。
        滄海月明珠有淚,
        藍田日暖玉生煙。
        此情可待成追憶,
        只是當時已惘然。</p>
  </body>
</html>
```

```css
/*網頁主體樣式*/
body {
  background-color: tan;                            /*背景色彩為茶色*/
  font-family: 標楷體;                              /*字型為標楷體*/
}
/*標題 1 樣式*/
h1 {
  font-size: 40px;                                  /*文字大小為 40 像素*/
  font-weight: bold;                                /*粗體*/
  text-align: center;                               /*文字置中*/
  color: white;                                     /*文字為白色*/
  background-color: #cd5c5c;                        /*背景色彩為印地安紅色*/
}
/*標題 2 樣式*/
h2 {
  font-size: 30px;                                  /*文字大小為 30 像素*/
  font-weight: bold;                                /*粗體*/
  text-align: center;                               /*文字置中*/
  color: white;                                     /*文字為白色*/
  background-color: #2e8b57;                        /*背景色彩為綠色*/
}
/*段落樣式*/
p {
  font-size: 20px;                                  /*文字大小為 20 像素*/
  line-height: 150%;                                /*行高為 150%*/
  text-indent: 40px;                                /*首行縮排為 40 像素*/
  background-color: rgba(255, 255, 255, 0.8);       /*背景色彩為白色、透明度 0.8*/
}
/* <small> 元素樣式*/
small {
  font-size: 20px;                                  /*文字大小為 20 像素*/
}
```

11

Box Model

Box Model（方框模式）是 CSS 的重要主題，CSS 將每個 HTML 元素看成一個矩形方塊，稱為 **Box**，學會它不僅能瞭解 HTML 元素的顯示方式，也更能掌握 HTML 元素彼此之間的互動方式。

在本章中，您將學會：

◆ 設定 Box 的寬度與高度

◆ 設定 Box 的邊界、留白與框線

◆ 設定 Box 的框線圓角、框線圖片、陰影與輪廓

◆ 設定 HTML 元素的顯示層級

◆ 配合 Box 調整物件大小

◆ 設定物件在 Box 中的顯示位置

◆ 顯示或隱藏 Box

◆ 顯示或隱藏溢出 Box 的內容

Box Model

Box Model (方框模式) 指的是 CSS 將每個 HTML 元素看成一個矩形方塊，稱為 **Box**，由**內容** (content)、**留白** (padding)、**框線** (border) 與**邊界** (margin) 所組成，如下圖。

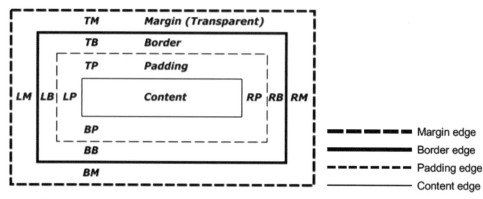

（圖片來源：CSS 官方網站）

Box 決定了 HTML 元素的顯示方式，也決定了 HTML 元素彼此之間的互動方式。

內容（content）指的是顯示在網頁上的資料，而**留白**（padding）是環繞在內容四周的空白，當我們設定 HTML 元素的背景時，背景色彩或背景圖片會顯示在內容與留白的部分。

至於**框線**（border）則是加在留白外側的線條，而且線條可以設定不同的色彩、寬度或樣式（例如實線、虛線等），若不希望內容與框線太貼近，可以加大兩者之間的留白。

另外還有在框線外側的**邊界**（margin），這個透明的區域通常用來控制 HTML 元素彼此之間的距離。

在前面的示意圖中，留白、框線與邊界又有上、下、左、右之分，因此，我們使用 TM、BM、LM、RM 等縮寫來表示 Top Margin（上邊界）、Bottom Margin（下邊界）、Left Margin（左邊界）、Right Margin（右邊界）。

其它 TB（Top Border）、BB（Bottom Border）、LB（Left Border）、RB（Right Border）、TP（Top Padding）、BP（Bottom Padding）、LP（Left Padding）、RP（Right Padding）則分別是上邊框、下邊框、左邊框、右邊框、上留白、下留白、左留白、右留白。

留白、框線與邊界的預設值為 0，但可以使用 CSS 來設定它們在上、下、左、右等方向的大小。

CSS 的寬度與高度指的都是內容的寬度與高度，加上留白、框線與邊界後就是 HTML 元素的寬度與高度。

以下圖為例，內容的寬度為 60 像素，留白的寬度為 8 像素，框線的寬度為 8 像素，邊界的寬度為 8 像素，則 HTML 元素的寬度為 60 ＋ (8 ＋ 6 ＋ 8)×2 ＝ 104 像素。

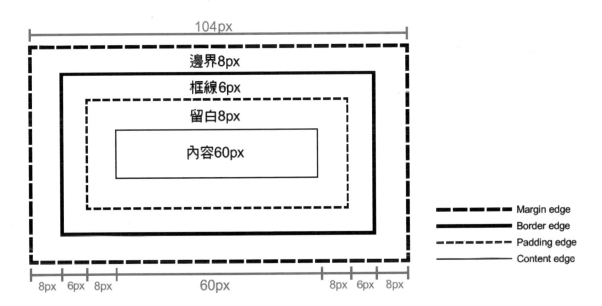

區塊層級與行內層級

每個 HTML 元素都有預設的顯示層級，並分為**區塊層級** (block level) 與**行內層級** (inline level) 兩種。

區塊層級元素的內容在瀏覽器中會另起一行，例如 <div>、<p>、<pre>、<h1>、<h2> 等，右圖的 <h1>、<h2> 和 <p> 三個元素會各自從新的一行開始顯示。

五言絕句

靜夜思

床前明月光，疑是地上霜。舉頭望明月，低頭思故鄉。

行內層級元素的內容在瀏覽器中不會另起一行，例如 <img>、<span>、<a>、<b>、<i> 等，右圖的 <img>、<span> 和 <a> 三個元素會顯示在同一行。

玫瑰花 滿天星

CSS 針對區塊層級元素與行內層級元素所產生的矩形方塊稱為 **Block Box** 和 **Inline Box**。在預設的情況下，Block Box 會在垂直方向由上往下排列，彼此的間距是以上下邊界來計算；而 Inline Box 會在水平方向由左往右排列，彼此的間距是以左右留白、左右框線和左右邊界來計算。

容器元素

當元素 A 位於一個區塊層級的元素 B 裡面時，我們將元素 A 稱為子元素，元素 B 稱為**父元素**或**容器元素** (container)。

五言絕句

靜夜思

床前明月光，疑是地上霜。舉頭望明月，低頭思故鄉。

左圖的橘色方框代表一個 <div> 元素，裡面有 <h1>、<h2> 和 <p> 三個元素，所以 <div> 元素就是這三個元素的容器。

玫瑰花 滿天星

左圖的橘色方框代表一個 <div> 元素，裡面有 <img>、<span> 和 <a> 三個元素，所以 <div> 元素就是這三個元素的容器。

我們經常會使用 <div> 元素或 HTML5 新增的結構元素做為容器，將數個相關的元素放在容器裡面，以群組成區塊、頁首、頁尾等。若元素位於數層的區塊層級元素裡面，那麼容器指的是直接父元素，例如在上圖中，<div> 元素的直接父元素為 <body> 元素，所以 <body> 元素就是它的容器。

寬度與高度

width
height

width 和 **height** 兩個屬性用來設定 Box 內容的寬度與高度，設定值如下：

長度

使 用 px、pt、pc、em、ex、in、cm、mm 等度量單位設定寬度與高度。

百分比

使用容器比例設定寬度與高度，例如 width: 80% 表示容器寬度的 80%，而 height: 50% 表示容器高度的 50%。

auto

由瀏覽器針對元素自動決定寬度與高度。

語法：
```
width:  長度 | 百分比 | auto
height: 長度 | 百分比 | auto
```

\Ch11\width.html

```
<p style="background-color: pink;">
  明月幾時有，…。</p>
<p style="background-color: pink;
  width: 400px; height: 125px;">
  明月幾時有，…。</p>
```

明月幾時有，把酒問青天。不知天上宮闕，今夕是何年？我欲乘風歸去，又恐瓊樓玉宇，高處不勝寒。起舞弄清影，何似在人間？轉朱閣，低綺戶，照無眠。不應有恨，何事常向別時圓？人有悲歡離合，月有陰晴圓缺，此事古難全。但願人長久，千里共嬋娟。

明月幾時有，把酒問青天。不知天上宮闕，今夕是何年？我欲乘風歸去，又恐瓊樓玉宇，高處不勝寒。起舞弄清影，何似在人間？轉朱閣，低綺戶，照無眠。不應有恨，何事常向別時圓？人有悲歡離合，月有陰晴圓缺，此事古難全。但願人長久，千里共嬋娟。

在這個例子中，第一個段落的寬度與高度是瀏覽器決定的，而第二個段落的寬度與高度為 400 和 125 像素。

為了讓您清楚看出段落的寬度與高度，我們刻意將兩個段落的背景色彩設定為粉紅色。

最小與最大寬度

min-width
max-width

語法：

```
min-width: 長度 ｜ 百分比 ｜ auto
max-width: 長度 ｜ 百分比 ｜ none
```

\Ch11\maxwidth.html

```html
<h1 style="background-color: lightgreen;
  max-width: 500px;">水調歌頭</h1>
```

水調歌頭

❶

水調歌頭

❷

min-width 和 **max-width** 兩個屬性用來設定 Box 內容的最小與最大寬度。

在這個例子中，我們將標題 1 的最大寬度設定為 500 像素，如此一來，當瀏覽器視窗放大時，標題 1 的寬度不會超過 500 像素。

事實上，min-width 和 max-width 兩個屬性可以應用在響應式網頁設計 (RWD)，結合 CSS 的媒體查詢功能，以根據不同的裝置套用不同的樣式表。

❶ 當瀏覽器視窗縮小時，標題 1 的寬度和視窗相同

❷ 當瀏覽器視窗放大時，標題 1 的寬度不會超過 500 像素

最小與最大高度

min-height
max-height

min-height 和 **max-height** 兩個屬性用來設定 Box 內容的最小與最大高度。

在這個例子中，我們刻意將區塊的最大高度設定為 100 像素，導致詞句太長而溢出區塊的範圍。

至於要如何解決溢出內容的問題，可以使用下一頁所要介紹的 overflow 屬性。

```
min-height: 長度 | 百分比 | auto
max-height: 長度 | 百分比 | none
```

\Ch11\maxheight.html

```html
<!DOCTYPE html>
<html>
  <head>
    <meta charset="utf-8">
    <style>
      div {background-color: pink; max-height: 100px;}
    </style>
  </head>
  <body>
    <div>
      <h1>水調歌頭</h1>
      <p>明月幾時有，…。</p>
    </div>
  </body>
</html>
```

水調歌頭

明月幾時有，把酒問青天。不知天上宮闕，今夕是何年？我欲乘風歸去，又恐瓊樓玉宇，高處不勝寒。起舞弄清影，何似在人間？轉朱閣，低綺戶，照無眠。不應有恨，何事常向別時圓？人有悲歡離合，月有陰晴圓缺，此事古難全。但願人長久，千里共嬋娟。

溢出內容

overflow

\Ch11\overflow.html

```
<!DOCTYPE html>
<html>
  <head>
    <meta charset="utf-8">
    <style>
      div {background-color: pink; max-height: 100px;
          overflow: auto;}
    </style>
  </head>
  <body>
    <div>
      <h1>水調歌頭</h1>
      <p>明月幾時有，…。</p>
    </div>
  </body>
</html>
```

overflow 屬性用來設定要顯示或隱藏溢出 Box 的內容，設定值如下：

visible
顯示（預設值）。

hidden
隱藏。

scroll
無論內容有無溢出 Box 都顯示捲軸。

auto
根據實際的內容自動顯示捲軸。

在這個例子中，我們將區塊的 overflow 屬性設定為 auto，所以會根據詞句的長度自動顯示垂直捲軸。

水調歌頭

明月幾時有，把酒問青天。不知天上宮闕，今夕是何年？我欲乘風歸去，又恐瓊樓玉宇，高處不勝寒。起舞弄清影，何似在人間？轉朱閣，低綺戶，照無眠。不應有恨，何事常向

邊界

margin

margin 屬性用來設定 Box 的邊界，設定值有 1 ~ 4 個，例如：

margin: 10px 表示四周邊界為 10 像素。

margin: 10px 8px 表示上、下邊界為 10 像素，左、右邊界為 8 像素。

margin: 10px 8px 5px 表示上邊界為 10 像素，左、右邊界為 8 像素，下邊界為 5 像素。

margin: 10px 8px 5px 3px 表示上、右、下、左邊界為 10、8、5、3 像素。

此外，我們也可以使用 **margin-top**、**margin-right**、**margin-bottom**、**margin-left** 等屬性設定上、右、下、左邊界。

語法：

margin: [長度 | 百分比 | auto]{1, 4}

\Ch11\margin.html

```
<p style="background-color: #99ffff; margin: 0.5cm;">
  缺月挂疏桐，漏斷人初靜。····</p>
<p style="background-color: #99ffff; margin: 10%;">
  十年生死兩茫茫，不思量，自難忘。····</p>
```

缺月挂疏桐，漏斷人初靜。誰見幽人獨往來？飄渺孤鴻影。驚起卻回頭，有恨無人省。揀盡寒枝不肯棲，寂寞沙洲冷。

十年生死兩茫茫，不思量，自難忘。千里孤墳，無處話淒涼。縱使相逢應不識，塵滿面，鬢如霜。夜來幽夢忽還鄉，小軒窗，正梳妝。

在這個例子中，第一個段落的邊界為 0.5 公分，第二個段落的邊界為容器寬度的 10%。當有兩個垂直邊界接觸在一起時，只會留下較大的那個邊界。

也就是說，第一段的下邊界與第二段的上邊界重疊，所以只會留下較大的那個邊界做為兩者的間距，如此一來，不同段落的間距就能維持一致。

留白

padding

padding 屬性用來設定 Box 的留白，設定值有 1 ~ 4 個，例如：

語法：

```
padding: [長度 | 百分比]{1, 4}
```

\Ch11\padding.html

```
<p style="background-color: #99ffff;">
  缺月挂疏桐，漏斷人初靜。…。</p>
<p style="background-color: #99ffff; padding: 20px;">
  十年生死兩茫茫，不思量，自難忘。…。</p>
```

缺月挂疏桐，漏斷人初靜。誰見幽人獨往來？飄渺孤鴻影。驚起卻回頭，有恨無人省。揀盡寒枝不肯棲，寂寞沙洲冷。

十年生死兩茫茫，不思量，自難忘。千里孤墳，無處話淒涼。縱使相逢應不識，塵滿面，鬢如霜。夜來幽夢忽還鄉，小軒窗，正梳妝。

padding: 10px 表示四周留白為 10 像素。

padding: 10px 8px 表示上、下留白為 10 像素，左、右留白為 8 像素。

padding: 10px 8px 5px 表示上留白為 10 像素，左、右留白為 8 像素，下留白為 5 像素。

padding: 10px 8px 5px 3px 表示上、右、下、左留白為 10、8、5、3 像素。

此外，我們也可以使用 **padding-top**、**padding-right**、**padding-bottom**、**padding-left** 等屬性設定上、右、下、左留白。

在這個例子中，第一個段落的留白預設為 0，第二個段落的留白為 20 像素。由瀏覽結果可以看出，背景色彩會顯示在內容與留白。

框線樣式

border-style

border-style 屬性用來設定 Box 的框線樣式，有 none、dotted、dashed、solid、double、groove、ridge、inset、outset、hidden 等樣式，預設值為 none。

設定值有 1 ~ 4 個，當有一個值時，會套用到四周框線；當有兩個值時，會套用到上下、左右框線；當有三個值時，會套用到上、左右、下框線；當有四個值時，會套用到上、右、下、左框線。

此外，我們也可以使用 border-top-style、border-right-style、border-bottom-style、border-left-style 等屬性設定上、右、下、左框線樣式。

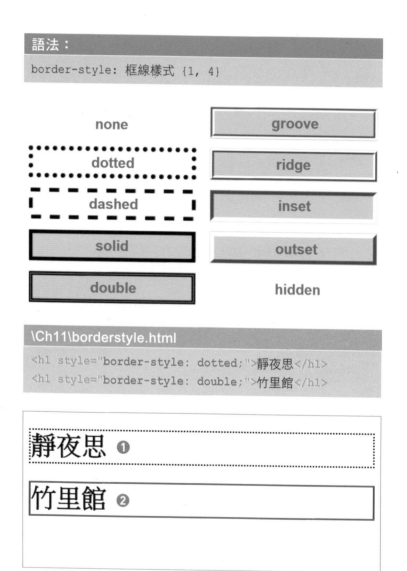

語法：
```
border-style: 框線樣式 {1, 4}
```

\Ch11\borderstyle.html
```
<h1 style="border-style: dotted;">靜夜思</h1>
<h1 style="border-style: double;">竹里館</h1>
```

❶ 框線樣式為點線　❷ 框線樣式為雙線

框線色彩

border-color

border-color 屬性用來設定 Box 的框線色彩，設定方式和 color 屬性相同。

設定值有 1 ~ 4 個，當有一個值時，會套用到四周框線；當有兩個值時，會套用到上下、左右框線；當有三個值時，會套用到上、左右、下框線；當有四個值時，會套用到上、右、下、左框線。

此外，我們也可以使用 border-top-color、border-right-color、border-bottom-color、border-left-color 等屬性設定上、右、下、左框線色彩。

語法：

```
border-color: 色彩 {1, 4}
```

\Ch11\bordercolor.html

```
<h1 style="border-style: dotted; border-color: red;">
    靜夜思</h1>
<h1 style="border-style: double; border-color: blue;">
    竹里館</h1>
```

靜夜思

竹里館

在這個例子中，第一個標題 1 的框線為紅色點線，第二個標題 1 的框線為藍色雙線。諸如文字、圖片、表格等元素也都可以設定框線。

請注意，在設定框線色彩的同時必須設定框線樣式，否則會看不到框線，因為框線樣式的預設值為 none（無），也就是沒有框線。

框線寬度

border-width

border-width 屬性用來設定 Box 的框線寬度,設定值有長度、thin(細)、medium(中)、thick(粗),預設值為 medium。

設定值有 1 ~ 4 個,當有一個值時,會套用到四周框線;當有兩個值時,會套用到上下、左右框線;當有三個值時,會套用到上、左右、下框線;當有四個值時,會套用到上、右、下、左框線。

此外,我們也可以使用 **border-top-width**、**border-right-width**、**border-bottom-width**、**border-left-width** 等屬性設定上、右、下、左框線寬度。

語法:

```
border-width: [長度 | thin | medium | thick]{1, 4}
```

\Ch11\bordercolor.html

```
<h1 style="border-style: dotted; border-width: 3px;">
   靜夜思</h1>
<h1 style="border-style: double; border-width: 5px;">
   竹里館</h1>
```

靜夜思

竹里館

在這個例子中,第一個標題 1 的框線寬度為 3 像素,第二個標題 1 的框線寬度為 5 像素。由於沒有設定框線色彩,所以會使用預設值。

同樣的,在設定框線寬度的同時必須設定框線樣式,否則會看不到框線,因為框線樣式的預設值為 none(無),也就是沒有框線。

框線速記

border

border 屬 性 是 border-style、border-color、border-width 等屬性的速記，用來設定 Box 四周的框線樣式、色彩與寬度。

這些屬性值的中間以空白隔開，沒有順序之分，省略不寫的屬性值會使用預設值。

此 外 ， 我 們 也 可 以 使 用 **border-top**、**border-right**、**border-bottom**、**border-left** 等屬性設定上、右、下、左框線樣式、色彩與寬度。

語法：

```
border: <border-style> || <border-color> || <border-width>
```

\Ch11\border.html

```
<h1 style="border: dotted red 3px;">靜夜思</h1>
<h1 style="border: double blue 5px;">竹里館</h1>
<h1 style="border-top: dashed cyan 3px;">卜算子</h1>
<h1 style="border-bottom: solid tan 5px;">蝶戀花</h1>
```

靜夜思 ❶

竹里館 ❷

卜算子 ❸

蝶戀花 ❹

❶ 四周框線為點線、紅色、3 像素   ❸ 上框線為虛線、青色、3 像素

❷ 四周框線為雙線、藍色、5 像素   ❹ 下框線為實線、茶色、5 像素

框線圓角

border-top-left-radius
border-top-right-radius
border-bottom-right-radius
border-bottom-left-radius

這四個屬性用來設定 Box
左上、右上、右下、左下的
框線圓角。

設定值有 1 ~ 2 個，當有一
個值時，表示為圓角的半
徑；當有兩個值時，表示為
橢圓角水平方向及垂直方向
的半徑，下面是 CSS3 官方
文件針對 border-top-left-radius:
55pt 25pt 所提供的示意圖。

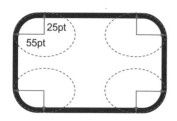

語法：

```
border-top-left-radius:      [長度 | 百分比]{1, 2}
border-top-right-radius:     [長度 | 百分比]{1, 2}
border-bottom-right-radius:  [長度 | 百分比]{1, 2}
border-bottom-left-radius:   [長度 | 百分比]{1, 2}
```

\Ch11\borderradius1.html

```html
<h1 style="border: solid orange 10px;
   border-top-left-radius: 10px;">靜夜思</h1>
<h1 style="border: solid green 10px;
   border-bottom-right-radius: 20px;">竹里館</h1>
```

靜夜思 ❶

竹里館 ❷

❶ 框線左上角顯示成圓角 (半徑為 10 像素)

❷ 框線右下角顯示成圓角 (半徑為 20 像素)

框線圓角速記

border-radius: [長度 | 百分比]{1, 4}

`\Ch11\borderradius2.html`

```
<!DOCTYPE html>
<html>
  <head>
    <meta charset="utf-8">
    <style>
      img {width: 100px; height: 100px;
           border: solid 10px lightgreen;}
      img.one {border-radius: 20px;}
      img.two {border-radius: 100px}
    </style>
  </head>
  <body>
    <img src="rose.jpg" class="one">
    <img src="rose.jpg" class="two">
  </body>
</html>
```

border-radius

這個屬性是前述四個屬性的速記，用來設定 Box 四周的框線圓角。

設定值有 1 ~ 4 個，當有一個值時，會套用到四個角；當有兩個值時，第一個值會套用到左上角和右下角，第二個值會套用到右上角和左下角；當有三個值時，第一個值會套用到左上角，第二個值會套用到右上角和左下角，第三個值會套用到右下角；當有四個值時，會分別套用到左上角、右上角、右下角、左下角。

在這個例子中，我們在兩張圖片加上框線圓角，其中第二張圖片的圓角半徑剛好等於正方形圖片的邊長，所以會顯示成圓形框線。

框線圖片

border-image-source

這個屬性用來設定框線的圖檔，預設值為 none（無）。

border-image-width

這個屬性用來設定框線的寬度，預設值為 auto（自動）。

border-image-outset

這個屬性用來設定圖片超出框線的區域大小。

border-image-repeat

這個屬性用來設定圖片的重複方式，設定值有 stretch、repeat、round、space，分別表示延展、重複排列、重複排列並調整圖片大小使之填滿、重複排列並調整間距大小使之填滿，預設值為 stretch。

語法：
```
border-image-source: url(圖檔網址) | none
border-image-slice:  長度 | 百分比 | fill
border-image-width:  長度 | 百分比 | auto
border-image-outset: 長度 | 百分比
border-image-repeat: stretch | repeat | round | space
```

```
border-image: <border-image-source> ||
    <border-image-slice> [/ <border-image-width> | /
    <border-image-outset>] || <border-image-repeat>
```

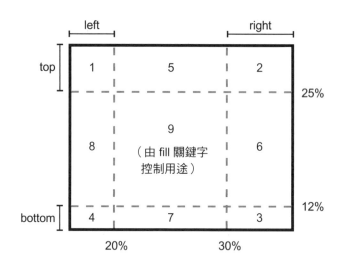

border-image-slice

瀏覽器會將圖片切割成 9 個部分套用到 Box 的框線，而這個屬性可以用來設定圖片的上右下左邊的內部位移。

上圖是設定 25% 30% 12% 20% 的切割結果，其中 1 ~ 4 會套用到四個角，5 ~ 8 會套用到四個邊，而 9 會被忽略，只有在設定為 fill 時會被當作背景。

```html
<!DOCTYPE html>
<html>
  <head>
    <meta charset="utf-8">
    <style>
    div {
      width: 200px; background-color: lightyellow;
      border: 18px solid; margin: 25px;
      border-image:
        url("border.png")         /* source */
        33.33% /                  /* slice */
        18px /                    /* width */
        18px                      /* outset */
        round;                    /* repeat */
    }
    </style>
  </head>
  <body>
    <div>Eyes are raining …</div>
  </body>
</html>
```

border-image

這個屬性是前述五個屬性的速記,用來設定 Box 的框線圖片。

在這個例子中,我們刻意將匡塊的背景設定為淺黃色,這樣就可以清楚看到框線圖片是加在留白的外面,其中圖檔為 border.png,而 33.33% 表示將圖片上右下左均分成 3 等分,共 9 個部分。

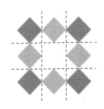

Eyes are raining for her, heart
is holding umbrella for her,
this is love.

Box 陰影

box-shadow

box-shadow 屬性用來設定 Box 陰影，設定值如下：

none
無（預設值）。

水平位移 垂直位移 模糊 色彩

「水平位移」是陰影在水平方向的位移為幾像素，正數會顯示在文字右方，負數會顯示文字左方；「垂直位移」是陰影在垂直方向的位移為幾像素，正數會顯示在文字下方，負數會顯示在文字上方；「模糊」是陰影的模糊輪廓為幾像素；「色彩」是陰影的色彩。

在這個例子中，我們在兩個標題 1 加上 Box 陰影，其中第二個多加上 **inset** 關鍵字，所以陰影會顯示在 Box 內部。

語法：

```
box-shadow: none | 水平位移 垂直位移 模糊 色彩
```

\Ch11\boxshadow.html

```
<!DOCTYPE html>
<html>
  <head>
    <meta charset="utf-8">
    <style>
      h1 {width: 400px; background-color: #77ddff;}
      h1.one {box-shadow: 10px 10px 5px silver;}
      h1.two {box-shadow: inset 10px 10px 10px silver}
    </style>
  </head>
  <body>
    <h1 class="one">靜夜思</h1>
    <h1 class="two">竹里館</h1>
  </body>
</html>
```

靜夜思 ❶

竹里館 ❷

❶ 外部陰影　❷ 內部陰影

輪廓

```
outline-color: 色彩 | invert
outline-style: none | hidden | dotted | dashed | solid |
        double | groove | ridge | inset | outset | auto
outline-width: 長度 | thin | medium | thick
outline: <outline-color> || <outline-style> || <outline-width>
```

\Ch11\outline.html

```html
<!DOCTYPE html>
<html>
  <head>
    <meta charset="utf-8">
    <style>
      button {border: solid blue;}
      button:hover {outline: orange solid thick;}
    </style>
  </head>
  <body>
    <button>登入會員</button>
  </body>
</html>
```

❶ 游標尚未移到按鈕時只有藍色框線

❷ 游標移到按鈕時會在藍色框線外面顯示橘色輪廓

outline-color

這個屬性用來設定輪廓的色彩，預設值為 color 屬性的值，而 invert 表示反相色彩。

outline-style

這個屬性用來設定輪廓的樣式，預設值為 none（無）。

outline-width

這個屬性用來設定輪廓的寬度，預設值為 medium（中）。

outline

這個屬性是前述三個屬性的速記，用來設定輪廓。

在這個例子中，我們設定當游標移到按鈕時，就會在框線外面顯示輪廓。

顯示層級

display

HTML 元素都有預設的顯示層級,若要加以變更,可以使用 **display** 屬性,常見的設定值如下:

none

不顯示元素,亦不佔用網頁的位置。

block

將元素設定為區塊層級,可以設定寬度、高度、留白與邊界。

inline

將元素設定為行內層級,無法設定寬度、高度、留白與邊界。

inline-block

令區塊層級元素像行內層級元素不換行,但可以設定寬度、高度、留白與邊界。

語法:

```
display: none | inline | block | inline-block | 其它值
```

\Ch11\display1.html

```
<img src="rose.jpg" style="width: 33%; display: block;
  margin: 10px auto;">Eyes are raining for her, …。
```

Eyes are raining for her, heart is holding umbrella for her, this is love.眼睛為她下著雨,心卻為她打著傘,這就是愛情。

在第一個例子中,我們要來示範如何將圖片置中。首先,在網頁上嵌入一張圖片,然後將圖片的寬度設定為視窗寬度的 33%,令它隨著視窗做縮放。

接著,使用 display: block 屬性將圖片變更為區塊層級,然後使用 margin: 10px auto 屬性將上下與左右邊界設定為 10 像素和自動,這樣圖片就會置中了。

```html
<!DOCTYPE html>
<html>
  <head>
    <meta charset="utf-8">
    <style>
      li {display: inline; margin: 15px;}
    </style>
  </head>
  <body>
    <ul>
      <li>首頁</li>
      <li>產品</li>
      <li>門市</li>
      <li>客服</li>
    </ul>
  </body>
</html>
```

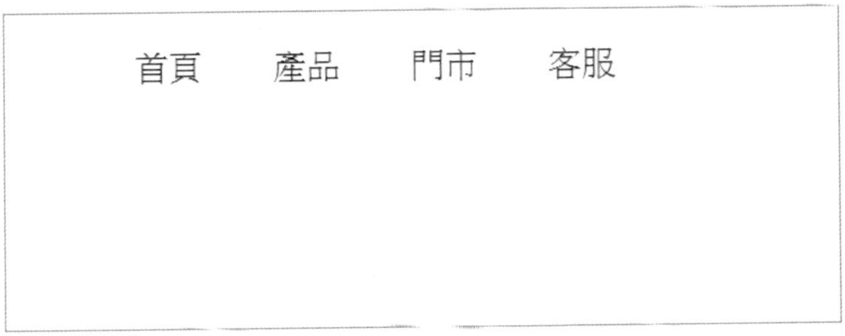

在第二個例子中，我們要來示範如何將項目清單排成一列。

原則上，<li> 元素屬於區塊層級元素，在沒有變更顯示層級的情況下，項目清單的瀏覽結果如下：

- 首頁
- 產品
- 門市
- 客服

為了將項目清單排成一列，於是使用 display: inline 屬性將 <li> 元素變更為行內層級，然後使用 margin: 15px 屬性將各個項目的邊界放大，才不會擠在一起。

首頁　　產品　　門市　　客服

配合 Box 調整物件大小

object-fit

object-fit 屬性用來設定配合 Box 調整物件大小，設定值如下，右圖參考自 CSS3 官方文件：

語法：

```
object-fit: fill | contain | cover | none
```

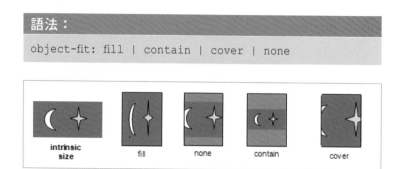

fill

令物件填滿 Box，該物件可能無法維持原比例（預設值）。

contain

令物件維持原比例顯示在 Box，可能無法填滿 Box。

cover

令物件維持原比例顯示在 Box，而且要填滿 Box，所以物件可能無法全部顯示出來。

none

令物件維持原比例及原尺寸顯示在 Box。

\Ch11\objectfit.html

```html
<!DOCTYPE html>
<html>
  <head>
    <meta charset="utf-8">
    <style>
      img {border: solid 5px orange;
           width: 200px; height: 350px;}
      img.one {object-fit: fill;}
      img.two {object-fit: contain;}
      img.three {object-fit: cover;}
      img.four {object-fit: none;}
    </style>
  </head>
  <body>
    <img src="rose.jpg" class="one">
    <img src="rose.jpg" class="two">
    <img src="rose.jpg" class="three">
    <img src="rose.jpg" class="four">
  </body>
</html>
```

在這個例子中，原圖是正方形的，加上橘色框線的瀏覽結果如下：

我們刻意將 <img> 元素的寬度與高度設定為 200 和 350 像素，使得原圖無法以原比例填滿 <img> 元素，然後將四個 <img> 元素的 object-fill 屬性分別設定為 fill、contain、cover、none，就會得到如右圖的瀏覽結果，其中只有 contain 顯示原比例的整張圖片，其它可能會導致圖片變形或只顯示局部。

❶ fill ❷ contain ❸ cover ❹ none

物件在 Box 中的顯示位置

object-position

object-position 屬性用來設定物件在 Box 中的顯示位置。

水平方向的設定值有長度、百分比、left（左）、center（中）、right（右），而垂直方向的設定值有長度、百分比、top（上）、center（中）、bottom（下）。

在這個例子中，第一張圖片會顯示在 <img> 元素的左上方，因為水平與垂直方向的設定值為 left 和 top，而第二張圖片會顯示在 <img> 元素的正中央，因為水平與垂直方向的設定值均為 50%。

語法：

```
object-position: [長度 | 百分比 | left | center | right]
                 [長度 | 百分比 | top | center | bottom]
```

\Ch11\objectposition.html

```html
<!DOCTYPE html>
<html>
  <head>
    <meta charset="utf-8">
    <style>
      img {border: solid 5px orange; width: 200px;
           height: 200px; object-fit: none;}
      img.one {object-position: left top;}
      img.two {object-position: 50% 50%;}
    </style>
  </head>
  <body>
    <img src="border.png" class="one">
    <img src="border.png" class="two">
  </body>
</html>
```

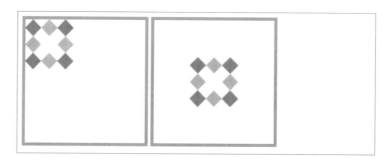

顯示或隱藏 Box

visibility

語法：

```
visibility: visible | hidden | collapse
```

\Ch11\visiblity.html

```
<h1>靜夜思</h1>
<h1>竹里館</h1>
```

靜夜思

竹里館

```
<h1 style="visibility: hidden;">靜夜思</h1>
<h1>竹里館</h1>
```

❶

竹里館

```
<h1 style="visibility: hidden; display: none;">靜夜思</h1>
<h1>竹里館</h1>
```

竹里館 ❷

❶ 隱藏第一個標題 1，但仍佔有空位

❷ 隱藏第一個標題 1，且不佔有空位

visibility 屬性用來設定要顯示或隱藏 Box，設定值如下：

visible
顯示（預設值）。

hidden
隱藏。

collapse
隱藏表格的行列。

在這個例子中，我們先顯示兩個標題 1；接著，在第一個標題 1 加上 visibility: hidden，將它隱藏起來，但仍佔有空位；最後，在第一個標題 1 再加上 display: none，將空位也隱藏起來。

花現富良野

富良野四季彩之丘位於視野遼闊的丘之町美瑛，占地15公頃，遍植薰衣草、金魚草、百日草、向日葵、晚開薰衣草、鼠尾草、波斯菊、醉蝶花、金盞花、大波斯菊等觀賞鮮花，從春天到秋天的花季裡，滿滿花田令人心曠神怡。

詳細資料»

◎日光旅遊提供◎

範例

這個例子是一個旅遊行程相關的網頁，裡面使用 CSS 將照片和行程說明設定成卡片的樣式。

首先，將照片、旅遊行程的標題、說明、詳細資料超連結和旅行社撰寫在 HTML 文件 (travel.html)，然後使用 <link> 元素連結樣式表檔案 (travel.css)。

接著，在樣式表檔案中針對 .card、.card-header、.card-body、.card-footer、.a-btn 等類別設定樣式，它們分別代表卡片、卡片首、卡片主體、卡片尾和超連結，其中超連結被設定成按鈕的外觀，所以要重新設定寬度、留白、前景色彩與背景色彩，然後移除超連結原有的底線並加上框線。

此外，在 .card 類別中，margin: 20px auto 屬性用來設定將卡片顯示在網頁中央，width: 60% 屬性用來設定卡片的寬度為視窗寬度的 60%，同時加上 min-width: 400px 和 max-width: 600px 兩個屬性限制卡片的最小與最大寬度，這樣卡片就不會因為視窗縮放而變得太小或太大。

```html
<!DOCTYPE html>
<html>
  <head>
    <meta charset="utf-8">
    <title>範例</title>
    <link rel="stylesheet" type="text/css" href="travel.css">
  </head>
  <body>
    <!-- 卡片 -->
    <div class="card">
      <!-- 卡片首 -->
      <div class="card-header">
        <img src="photo1.jpg" width="100%">
      </div>
      <!-- 卡片主體 -->
      <div class="card-body">
        <h2>花現富良野</h2>
        <p>富良野四季彩之丘位於視野遼闊的丘之町美瑛，占地 15 公頃，
            遍植薰衣草、金魚草、百日草、向日葵、晚開薰衣草、鼠尾草、
            波斯菊、醉蝶花、金盞花、大波斯菊等觀賞鮮花，從春天到秋天的
            花季裡，滿滿花田令人心曠神怡。</p>
        <p><a class="a-btn" href="tour1.html">詳細資料&raquo;</a></p>
      </div>
      <!-- 卡片尾 -->
      <div class="card-footer">
        ◎日光旅遊提供◎
      </div>
    </div>
  </body>
</html>
```

```
/*卡片樣式*/
.card {
  margin: 20px auto;                         /*設定邊界使卡片置中*/
  width: 60%;                                /*寬度為網頁主體的 60%*/
  min-width: 400px; max-width: 600px;        /*最小與最大寬度*/
  border: solid silver 1px; border-radius: 5px; /*框線樣式與框線圓角*/
}
/*卡片首樣式*/
.card-header {
  background-color: #eaeaea;                 /*背景色彩*/
}
/*卡片主體樣式*/
.card-body {
  background-color: white;                   /*背景色彩*/
  padding: 10px;                             /*留白*/
}
/*卡片尾樣式*/
.card-footer {
  background-color: #eaeaea;                 /*背景色彩*/
  padding: 20px 10px;                        /*留白*/
  text-align: center;                        /*文字置中*/
  border-top: solid silver 1px;              /*上框線樣式*/
}
/*超連結樣式 (使之呈現按鈕的外觀)*/
.a-btn {
  display: block; margin: 0px auto;          /*設定區塊層級與邊界使超連結置中*/
  width: 75px; padding: 5px;                 /*寬度與留白*/
  color: black; background-color: #eaeaea;   /*前景色彩與背景色彩*/
  text-decoration: none;                     /*不要顯示底線*/
  border: solid silver 1px; border-radius: 5px; /*框線樣式與框線圓角*/
}
```

12

背景與漸層

我們在第 10 章介紹過如何使用 background-color 屬性設定 HTML 元素的背景色彩，事實上，我們也可以設定 HTML 元素的背景圖片，或使用 CSS3 新增的漸層屬性增添網頁的視覺效果。

在本章中，您將學會：

◆ 設定背景圖片的來源、重複排列方式、起始位置、是否隨著內容捲動、大小、顯示區域、顯示位置基準點

◆ 設定線性漸層、放射狀漸層、重複線性漸層與重複放射狀漸層

花語情事

玫瑰	花語	玫瑰	花語
1朵	一往情深	44朵	至死不渝
2朵	祝你幸運	50朵	無悔的愛
3朵	請原諒我	56朵	吾愛
4朵	相愛久久	66朵	情場如意
10朵	完全愛情	77朵	求婚
11朵	最愛	88朵	彌補
12朵	心心相印	99朵	天長地久
13朵	暗戀	101朵	唯一的愛
17朵	到此結束	108朵	嫁給我吧
20朵	永遠愛你	365朵	天天想你
22朵	兩情相悅	999朵	無盡的愛
33朵	我愛你		

背景圖片

background-image

background-image 屬性用來設定 HTML 元素的背景圖片，預設值為 none（無），也就是沒有背景圖片。

在第一個例子中，我們將網頁主體的背景圖片設定為 bg1.jpg（如下圖），由於圖片比較小，無法填滿網頁，預設會自動在水平及垂直方向重複排列，以填滿網頁。

在第二個例子中，我們改將段落的背景圖片設定為 bg1.jpg，因此，只有段落會填滿背景圖片。

語法：

```
background-image: url(圖檔網址) | none
```

\Ch12\bgimage1.html

```
<body style="background-image: url(bg1.jpg);">
  <h1>錦瑟</h1>
  <p>錦瑟無端五十弦，一弦一柱思華年。……。</p>
</body>
```

> # 錦瑟
>
> 錦瑟無端五十弦，一弦一柱思華年。莊生曉夢迷蝴蝶，望帝春心托杜鵑。滄海月明珠有淚，藍田日暖玉生煙。此情可待成追憶，只是當時已惘然。

\Ch12\bgimage2.html

```
<body>
  <h1>錦瑟</h1>
  <p style="background-image: url(bg1.jpg);">
    錦瑟無端五十弦，一弦一柱思華年。……。</p>
</body>
```

> # 錦瑟
>
> 錦瑟無端五十弦，一弦一柱思華年。莊生曉夢迷蝴蝶，望帝春心托杜鵑。滄海月明珠有淚，藍田日暖玉生煙。此情可待成追憶，只是當時已惘然。

```
\Ch12\bgImage3.html
<body style="background-color: linen;
  background-image: url(line.png);">
  <h1>錦瑟</h1>
  <p>錦瑟無端五十弦，一弦一柱思華年。…。</p>
</body>
```

錦瑟

錦瑟無端五十弦，一弦一柱思華年。莊生曉夢迷蝴蝶，望帝春心托杜鵑。滄海月明珠有淚，藍田日暖玉生煙。此情可待成追憶，只是當時已惘然。

```
\Ch12\bgimage4.html
<body>
  <h1>錦瑟</h1>
  <p style="background-image: url(line.png), url(bg.gif);">
    錦瑟無端五十弦，一弦一柱思華年。…。</p>
</body>
```

錦瑟

錦瑟無端五十弦，一弦一柱思華年。莊生曉夢迷蝴蝶，望帝春心托杜鵑。滄海月明珠有淚，藍田日暖玉生煙。此情可待成追憶，只是當時已惘然。

在第三個例子中，我們將網頁主體的背景結合亞麻色的背景色彩和條紋的背景圖片 line.png（如下圖），條紋圖片的透明色彩部分會顯示出亞麻色的背景色彩。

在第四個例子中，我們將段落的背景結合 line.png 和 bg.gif 兩張背景圖片（如下圖），兩個圖檔中間以逗號隔開，條紋圖片的透明色彩部分會顯示出 bg.gif 的圖片。

背景圖片重複排列方式

background-repeat

background-repeat 屬性用來設定背景圖片的重複排列方式,設定值如下:

repeat

在水平及垂直方向重複排列,右側與下方的背景圖片不一定能夠完整顯示出來(預設值)。

no-repeat

不要重複排列。

repeat-x

在水平方向重複排列。

repeat-y

在垂直方向重複排列。

space

在水平及垂直方向重複排列,同時調整背景圖片的間距,讓背景圖片能夠完整顯示出來。

語法:

```
background-repeat: repeat | no-repeat | repeat-x |
    repeat-y | space | round
```

\Ch12\bgrepeat.html

```
body {background-image: url(flower.jpg);
    background-repeat: repeat;}
```

```
body {background-image: url(flower.jpg);
    background-repeat: no-repeat;}
```

```
body {background-image: url(flower.jpg);
    background-repeat: repeat-x;}
```

```
body {background-image: url(flower.jpg);
      background-repeat: repeat-y;}
```

```
body {background-image: url(flower.jpg);
      background-repeat: space;}
```

```
body {background-image: url(flower.jpg);
      background-repeat: round;}
```

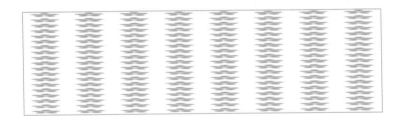

round

在水平及垂直方向重複排列，同時調整背景圖片的大小（可能加以延伸或壓縮），讓背景圖片能夠完整顯示出來。

在這個例子中，我們將網頁主體的背景圖片設定為 flower.jpg（如下圖），然後依序示範 background-repeat 屬性為 repeat、no-repeat、repeat-x、repeat-y、space、round 等設定值的瀏覽結果。

背景圖片起始位置

background-position

background-position 屬性用來設定背景圖片從 HTML 元素的哪個位置開始顯示。

水平方向的設定值有長度、百分比、left（左）、center（中）、right（右），而垂直方向的設定值有長度、百分比、top（上）、center（中）、bottom（下）。

預設值為 0% 0%，表示容器寬度的 0% 和容器高度的 0%，也就是左上方，相當於 left top，而 50% 50% 表示容器寬度的 50% 和容器高度的 50%，也就是正中央，相當於 center center。

語法：

```
background-position: [長度 | 百分比 | left | center | right] [長度 | 百分比 | top | center | bottom]
```

\Ch12\bgposition.html

```html
<!DOCTYPE html>
<html>
  <head>
    <meta charset="utf-8">
    <style>
      body {
        text-align: center;
        background-image: url(bg5.jpg);
        background-repeat: no-repeat;
        background-position: center center;
      }
    </style>
  </head>
<body>
  <h2>望春風</h2>
  <h3>作詞：李臨秋</h3>
  <h3>作曲：鄧雨賢</h3>
  <p>獨夜無伴守燈下，冷風對面吹，<br>
     十七八歲未出嫁，見著少年家，<br>
     …
     月娘笑阮是憨大呆，被風騙不知。</p>
</body>
</html>
```

若要設定多張背景圖片的起始位置，中間以逗號隔開，例如 0% 0%, right top 表示第一張背景圖片從左上角開始顯示，而第二張背景圖片從右上角開始顯示。

在這個例子中，我們把網頁主體的背景圖片設定為 bg5.jpg（如下圖），不重複排列，然後依序示範 background-position 屬性為 center center 和 right bottom 的瀏覽結果。

```
img {
    text-align: center;
    background-image: url(bg5.jpg);
    background-repeat: no-repeat;
    background-position: right bottom;
}
```

（圖片來源：Designed by BiZkettE1 / Freepik）

❶ 背景圖片在正中央 　❷ 背景圖片在右下方

背景圖片是否隨著內容捲動

background-attachment

background-attachment
屬性用來設定背景圖片是
否隨著內容捲動，設定值
如下：

scroll

背景圖片會隨著內容捲動
（預設值）。

fixed

背景圖片是固定的，不會隨
著內容捲動。

local

CSS3 新增的設定值，瀏覽
結果通常和 scroll 相同，只
有在以浮動視窗顯示時才會
有差異，scroll 的背景圖片
不會隨浮動視窗的內容捲
動，而 local 的背景圖片會
隨著浮動視窗的內容捲動。

語法：

```
background-attachment: scroll | fixed | local
```

\Ch12\bgattachment.html

```html
<!DOCTYPE html>
<html>
  <head>
    <meta charset="utf-8">
    <style>
      body {
        text-align: center;
        background-image: url(bg5.jpg);
        background-repeat: no-repeat;
        background-position: center center;
        background-attachment: fixed;
      }
    </style>
  </head>
<body>
    <h2>望春風</h2>
    <h3>作詞：李臨秋</h3>
    <h3>作曲：鄧雨賢</h3>
    <p>獨夜無伴守燈下，冷風對面吹，<br>
        十七八歲未出嫁，見著少年家，<br>
        …
        月娘笑阮是憨大呆，被風騙不知。</p>
</body>
</html>
```

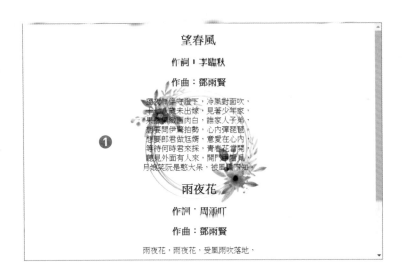

若要設定多張背景圖片是否隨著內容捲動，中間以逗號隔開，例如 scroll, fixed 表示第一張背景圖片會隨著內容捲動，而第二張背景圖片不會隨著內容捲動。

在這個例子中，我們將網頁主體的背景圖片設定為 bg5.jpg（如下圖），不重複排列，顯示在正中央，然後將 background-attachment 屬性設定為 fixed，如此一來，背景圖片會固定在正中央，不會隨著內容捲動。

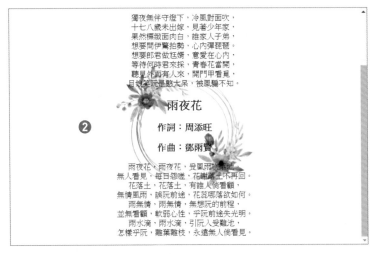

（圖片來源：Designed by BiZkettE1 / Freepik）

❶ 背景圖片一開始會顯示在正中央

❷ 將內容向下捲動，背景圖片依然顯示在正中央，不會隨著內容捲動

背景圖片大小

background-size

background-size 屬 性 用來設定背景圖片的大小，設定值如下：

長度、百分比、auto

使用 px、pt、pc、em、ex、in、cm、mm 等度量單位或百分比設定背景圖片的寬度與高度，例如 background-size: 100px 50px 表示寬度與高度為 100 像素和 50 像素，預設值為 auto（自動）。

contain

背景圖片的大小剛好符合 HTML 元素的範圍。

cover

背景圖片的大小覆蓋整個 HTML 元素的範圍。

語法：

background-size: [長度 | 百分比 | auto] | contain | cover

\Ch12\bgsize.html

```html
<!DOCTYPE html>
<html>
  <head>
    <meta charset="utf-8">
    <style>
      div {
        border: solid 2px #99bbff;
        background-image: url(flower2.gif);
        background-repeat: no-repeat;
        background-size: auto;
      }
    </style>
  </head>
  <body>
    <div>
      <p>床前明月光，…。</p>
    </div>
  </body>
</html>
```

床前明月光，
疑是地上霜。　❶
舉頭望明月，
低頭思故鄉。

```
div {
  border: solid 2px #99bbff;
  background-image: url(flower2.gif);
  background-repeat: no-repeat;
  background-size: contain;
}
```

床前明月光，
疑是地上霜。   ❷
舉頭望明月，
低頭思故鄉。

```
div {
  border: solid 2px #99bbff;
  background-image: url(flower2.gif);
  background-repeat: no-repeat;
  background-size: cover;
}
```

床前明月光，
疑是地上霜。   ❸
舉頭望明月，
低頭思故鄉。

❶ auto ❷ contain ❸ cover

若要設定多張背景圖片的大小，中間以逗號隔開，例如 50%, 25% 表示第一張背景圖片的大小為容器寬度的 50%，而第二張背景圖片的大小為容器寬度的 25%。

在這個例子中，我們將區塊的背景圖片設定為 flower2.gif（如下圖），不重複排列，然後依序示範 background-size 屬性 為 auto、contain 和 cover 的瀏覽結果。

背景顯示區域

background-clip

background-clip 屬性用來
設定背景色彩或背景圖片的
顯示區域，設定值如下：

border-box
背景描繪到框線的部分（預
設值）。

padding-box
背景描繪到留白的部分。

content-box
背景描繪到內容的部分。

內容（content）指的是顯示
在網頁上的資料，而**留白**
（padding）是環繞在內容四周
的空白，至於**框線**（border）
則是加在留白外側的線條，
留白與框線的預設值均
為 0。

語法：

```
background-clip: border-box | padding-box | content-box
```

\Ch12\bgclip.html

```html
<!DOCTYPE html>
<html>
  <head>
    <meta charset="utf-8">
    <style>
      div {
        border: solid 20px rgba(224,224,224,0.5);
        padding: 20px;
        background-image: url(flower.jpg);
        background-clip: content-box;
      }
    </style>
  </head>
  <body>
    <div><p>床前明月光，…。</p></div>
  </body>
</html>
```

```
div {
  border: solid 20px rgba(224,224,224,0.5);
  padding: 20px;
  background-image: url(flower.jpg);
  background-clip: padding-box;
}
```

```
div {
  border: solid 20px rgba(224,224,224,0.5);
  padding: 20px;
  background-image: url(flower.jpg);
  background-clip: border-box;
}
```

若要設定多張背景圖片的顯示區域，中間以逗號隔開，例如 content-box, padding-box 表示第一張背景圖片會描繪到內容的部分，而第二張背景圖片會描繪到留白的部分。

在這個例子中，我們先將框線和留白設定為 20 像素，接著將網頁主體的背景圖片設定為 flower.jpg（如下圖），然後依序示範 background-clip 屬性為 content-box、padding-box 和 border-box 的瀏覽結果。

背景顯示位置基準點

background-origin

background-origin 屬性用來設定背景色彩或背景圖片的顯示位置基準點，設定值如下：

border-box

背景從框線的部分開始描繪。

padding-box

背景從留白的部分開始描繪（預設值）。

content-box

背景從內容的部分開始描繪。

語法：

```
background-origin: border-box | padding-box | content-box
```

\Ch12\bgorigin.html

```html
<!DOCTYPE html>
<html>
  <head>
    <meta charset="utf-8">
    <style>
      div {
        border: solid 20px rgba(224,224,224,0.5);
        padding: 20px;
        background-image: url(flower.jpg);
        background-repeat: no-repeat;
        background-origin: content-box;
      }
    </style>
  </head>
<body>
    <div><p>床前明月光，…。</p></div>
</body>
</html>
```

床前明月光，
疑是地上霜。
舉頭望明月，
低頭思故鄉。

```
div {
  border: solid 20px rgba(224,224,224,0.5);
  padding: 20px;
  background-image: url(flower.jpg);
  background-repeat: no-repeat;
  background-origin: padding-box;
}
```

若要設定多張背景圖片的顯示位置基準點,中間以逗號隔開,例如 content-box, padding-box 表示第一張背景圖片會從內容的部分開始描繪,而第二張背景圖片會從留白的部分開始描繪。

床前明月光,
疑是地上霜。
舉頭望明月,
低頭思故鄉。

在這個例子中,我們先將框線和留白設定為 20 像素,接著將網頁主體的背景圖片設定為 flower.jpg(如下圖),不重複排列,然後依序示範 background-origin 屬性為 content-box、padding-box 和 border-box 的瀏覽結果。

```
div {
  border: solid 20px rgba(224,224,224,0.5);
  padding: 20px;
  background-image: url(flower.jpg);
  background-repeat: no-repeat;
  background-origin: border-box;
}
```

床前明月光,
疑是地上霜。
舉頭望明月,
低頭思故鄉。

背景速記

background

background 屬性是
background-color、
background-image、
background-repeat、
background-attachment、
background-position、
background-size、
background-clip、
background-origin 等背景
屬性的速記。

這些屬性值的中間以空白隔
開,沒有順序之分,只有背
景圖片大小是以 / 隔開,接
續在背景圖片起始位置的後
面,預設值則視個別的屬性
而定。

語法:

background: 屬性值1 [屬性值2 [屬性值3 [...]]]

\Ch12\background.html

```html
<!DOCTYPE html>
<html>
  <head>
    <meta charset="utf-8">
    <style>
      body {
        text-align: center;
        background: url(bg5.jpg) no-repeat 50% 50%;
      }
    </style>
  </head>
<body>
    <h2>望春風</h2>
    <h3>作詞:李臨秋</h3>
    <h3>作曲:鄧雨賢</h3>
    <p>獨夜無伴守燈下,冷風對面吹,<br>
        十七八歲未出嫁,見著少年家,<br>
        果然標緻面肉白,誰家人子弟,<br>
        想要問伊驚拍勢,心內彈琵琶。<br>
        想要郎君做尪婿,意愛在心內,<br>
        等待何時君來採,青春花當開,<br>
        聽見外面有人來,開門甲看覓,<br>
        月娘笑阮是憨大呆,被風騙不知。</p>
</body>
</html>
```

在第一個例子中，我們使用 background 屬性設定網頁主體的背景圖片（如下圖），不重複排列，從正中央開始顯示。

（圖片來源：Designed by BiZkettE1 / Freepik）

```
body {
  text-align: center;
  background: #e4d3c2 url(flower2.gif) repeat-y 0% 0%;
}
```

在第二個例子中，我們使用 background 屬性設定網頁主體的背景色彩與背景圖片（如下圖），在垂直方向重複排列，從左上角開始顯示。

❶ 背景圖片不重複排列、從正中央開始顯示

❷ 結合背景色彩與背景圖片、從左上角開始顯示

線性漸層

linear-gradient()

linear-gradient() 用來設定線性漸層，設定值如下：

角度 | 方向

使用度數設定線性漸層的角度，例如 0deg（0 度）表示由下往上，180deg（180 度）表示由上往下，90deg（90 度）表示由左往右。

或者，也可以使用 to [left | right] ‖ [top | bottom] 設定線性漸層的方向，例如 to right 表示由左往右，to left top 表示由右下往左上。

停止點

包括色彩的值與位置，中間以空白字元隔開，例如 white 0% 表示起點為白色，blue 100% 表示終點為藍色，red 50% 表示中點為紅色。

語法：
linear-gradient(角度 | 方向，停止點1 , 停止點2, ...)

\Ch12\gradient1.html

```
<!DOCTYPE html>
<html>
  <head>
    <meta charset="utf-8">
    <style>
      div {
        width: 300px;
        height: 150px;
        background: linear-gradient(90deg, white, blue);
      }
    </style>
  </head>
  <body>
    <div></div>
  </body>
</html>
```

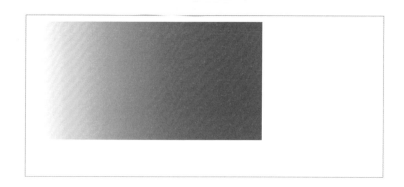

```
\Ch12\gradient2.html
<!DOCTYPE html>
<html>
  <head>
    <meta charset="utf-8">
    <style>
      div {
        width: 200px;
        padding: 20px;
        border: 30px solid;
        border-image: linear-gradient(to top right,
          red, white, blue) 60;
      }
    </style>
  </head>
  <body>
    <div>Eyes are raining for her, …</div>
  </body>
</html>
```

在第一個例子中，我們使用 linear-gradient() 將區塊的背景設定為白藍兩色 90deg（90 度）由左往右線性漸層。

在第二個例子中，我們使用 linear-gradient() 將區塊的框線圖片設定為紅白藍三色由左下往右上線性漸層。

Eyes are raining for her, heart is holding umbrella for her, this is love.

放射狀漸層

radial-gradient()

radial-gradient() 用來設定放射狀漸層，設定值如下：

形狀

漸層的形狀可以是 circle（圓形）或 ellipse（橢圓形），預設值為 ellipse。

大小

以 長 度、closest-side、farthest-side、closest-corner、farthest-corner 設定漸層的大小，其中長度是以度量單位設定圓形或橢圓形的半徑，其它值則分別是以圓形或橢圓形的中心點到區塊最近邊、最遠邊、最近角、最遠角的距離當作半徑。

語法：

```
radial-gradient(形狀 大小 位置，停止點1 ， 停止點2, ...)
```

\Ch12\radial1.html

```html
<!DOCTYPE html>
<html>
  <head>
    <meta charset="utf-8">
    <style>
      div {
        width: 300px;
        height: 150px;
        background: radial-gradient(circle, white, blue);
      }
    </style>
  </head>
  <body>
    <div></div>
  </body>
</html>
```

```
\Ch12\radial2.html
<!DOCTYPE html>
<html>
  <head>
    <meta charset="utf-8">
    <style>
      div {
        width: 300px;
        height: 150px;
        background: radial-gradient(farthest-corner
          at left top, red 0%, blue 100%);
      }
    </style>
  </head>
  <body>
    <div></div>
  </body>
</html>
```

位置

在 at 後面加上 left、right、top、bottom、center 設定漸層的位置。

停止點

包括色彩的值與位置,中間以空白字元隔開,例如 white 0% 表示起點為白色,blue 100% 表示終點為藍色,red 50% 表示中點為紅色。

在第一個例子中,我們使用 radial-gradient() 將區塊的背景設定為藍白兩色圓形放射狀漸層。

在第二個例子中,我們使用 radial-gradient() 將網頁主體的背景設定為藍紅兩色橢圓形放射狀漸層(at left top 表示位置在左上角,red 0% 表示起點為紅色,blue 100% 表示終點為藍色)。

重複線性漸層

repeating-linear-gradient()

repeating-inear-gradient() 用來設定重複線性漸層，語法和 linear-gradient() 相同。

在這個例子中，我們先將第一個區塊的背景設定為藍白橘三色線性漸層（45deg 表示由左下往右上呈現 45 度，blue 0% 表示藍色在起點處，white 15% 表示白色在 15% 處，orange 20% 表示橘色在 20% 處），然後將第二個區塊的背景設定為藍白橘三色重複線性漸層。

\Ch12\repeat1.html

```html
<!DOCTYPE html>
<html>
  <head>
    <meta charset="utf-8">
    <style>
      div {width: 400px; height: 100px; margin: 10px;}
      div.one {
        background: linear-gradient(45deg, blue 0%,
        white 15%, orange 20%);}
      div.two {
        background: repeating-linear-gradient(45deg,
        blue 0%, white 15%, orange 20%);}
    </style>
  </head>
  <body>
    <div class="one"></div>
    <div class="two"></div>
  </body>
</html>
```

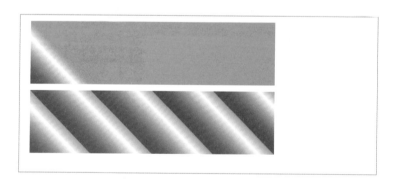

重複放射狀漸層

\Ch12\repeat2.html

```html
<!DOCTYPE html>
<html>
  <head>
    <meta charset="utf-8">
    <style>
      div {width: 400px; height: 100px; margin: 10px;}
      div.one {
        background: radial-gradient(blue 0%,
        white 5%, orange 10%);}
      div.two {
        background: repeating-radial-gradient(blue 0%,
        white 5%, orange 10%);}
    </style>
  </head>
  <body>
    <div class="one"></div>
    <div class="two"></div>
  </body>
</html>
```

repeating-radial-gradient()

repeating-radial-gradient() 用來設定重複放射狀漸層，語法和 radial-gradient() 相同。

在這個例子中，我們先將第一個區塊的背景設定為藍白橘三色放射狀漸層（blue 0% 表示藍色在起點處，white 5% 表示白色在 5% 處，orange 10% 表示橘色在 10% 處），然後將第二個區塊的背景設定為藍白橘三色重複放射狀漸層。

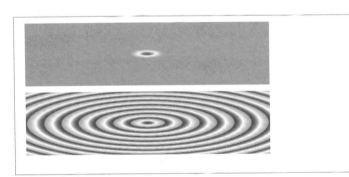

玫瑰	花語	玫瑰	花語
1朵	一往情深	44朵	至死不渝
2朵	祝你幸運	50朵	無悔的愛
3朵	請原諒我	56朵	吾愛
4朵	相愛久久	66朵	情場如意
10朵	完全愛情	77朵	求婚
11朵	最愛	88朵	彌補
12朵	心心相印	99朵	天長地久
13朵	暗戀	101朵	唯一的愛
17朵	到此結束	108朵	嫁給我吧
20朵	永遠愛你	365朵	天天想你
22朵	兩情相悅	999朵	無盡的愛
33朵	我愛你		

範例

這個例子是一個花語相關的網頁，裡面使用 CSS 設定網頁背景與表格樣式。

首先，將表格的標題圖片和花語撰寫在 HTML 文件（rose.html），然後使用 <link> 元素連結樣式表檔案（rose.css）。

接著，在樣式表檔案中針對 <body>、<div>、<table>、<th>、<td>、<img> 等元素，以及 tr.heading、tr.odd、tr.even 等類別選擇器設定樣式，它們分別代表網頁主體、區塊、表格、標題儲存格、一般儲存格、圖片、標題列、奇數列和偶數列，其中網頁背景為由下往上的線性漸層，起點為印地安紅色，30% 處為白色，而表格的標題列、奇數列和偶數列亦設定不同的背景色彩。

此外，在針對 <div> 元素的樣式規則中，margin: 20px auto 100px auto 屬性用來設定將區塊顯示在網頁中央，width: 80% 屬性用來設定區塊的寬度為視窗寬度的 80%，同時加上 min-width: 400px 和 max-width: 600px 兩個屬性限制區塊的最小與最大寬度，這樣區塊就不會因為視窗縮放而變得太小或太大，至於表格的寬度則設定為區塊寬度的 100%。

```
<!DOCTYPE html>
<html>
  <head>
    <meta charset="utf-8">
    <title>範例</title>
    <link rel="stylesheet" type="text/css" href="rose.css">
  <head>
  <body>
    <div>
      <table>
        <caption><img src="cap.jpg"></caption>
        <tr class="heading">
          <th>玫瑰</th>
          <th>花語</th>
          <th>玫瑰</th>
          <th>花語</th>
        </tr>
        <tr class="odd">
          <td>1朵</td>
          <td>一往情深</td>
          <td>44朵</td>
          <td>至死不渝</td>
        </tr>
        <tr class="even">
          <td>2朵</td>
          <td>祝你幸運</td>
          <td>50朵</td>
          <td>無悔的愛</td>
        </tr>
        ...
      </table>
    </div>
  </body>
</html>
```

```css
body {
  background: linear-gradient(to top, indianred 0%, white 30%);  /*網頁背景*/
}
div {
  margin: 20px auto 100px auto;                                   /*區塊邊界*/
  width: 80%;                                                     /*區塊寬度*/
  min-width: 400px;                                              /*區塊最小寬度*/
  max-width: 600px;                                              /*區塊最大寬度*/
}
table {
  width: 100%;                                                    /*表格寬度*/
}
th, td {
  padding: 5px;                                                  /*儲存格留白*/
}
img {
  width: 332px;                                                  /*圖片寬度*/
  height: 90px;                                                  /*圖片高度*/
}
tr.heading{
  background: rgb(70, 194, 126);                                 /*標題列背景色彩*/
}
tr.odd {
  background: rgb(163, 225, 191);                                /*奇數列背景色彩*/
  text-align: center;                                           /*文字置中*/
}
tr.even {
  background: rgb(235, 249, 241);                               /*偶數列背景色彩*/
  text-align: center;                                           /*文字置中*/
}
```

13

清單、表格與表單

我們在前幾章所介紹的色彩、字型、文字、邊界、留白、框線、背景、漸層等 CSS 屬性，大多可以套用到清單、表格與表單，讓它們在不同的瀏覽器維持一致的外觀。此外，CSS 還提供了一些清單與表格專用的屬性，我們也會做介紹。

在本章中，您將學會：

◆ 使用清單專用的屬性

◆ 使用 CSS 設定表格的外觀

◆ 使用表格專用的屬性

◆ 使用 CSS 設定表單的外觀

項目符號與編號類型

list-style-type

list-style-type 屬性用來設定項目符號與編號類型，可以套用在 <ul>、<ol>、<li> 元素。

項目符號設定值如下：

disc

實心圓點 ●（預設值）。

circle

空心圓點 ○。

square

實心方塊 ■。

編號設定值如下：

decimal

阿拉伯數字，例如 1、2、3、…（預設值）。

decimal-leading-zero

前面冠上 0 的阿拉伯數字，例如 01、02、03、…。

語法：

```
list-style-type: none | 設定值
```

\Ch13\listtype1.html

```
<ul style="list-style-type: square;">
    <li>刺殺騎士團長</li>
    <li>1Q84</li>
    <li>黑夜之後</li>
    <li>海邊的卡夫卡</li>
    <li>聽風的歌</li>
    <li>挪威的森林</li>
</ul>
```

- 刺殺騎士團長
- 1Q84
- 黑夜之後
- 海邊的卡夫卡
- 聽風的歌
- 挪威的森林

若清單項目只要縮排，但不要顯示項目符號或編號，可以將 list-style-type 屬性設定為 none（無）。

在這個例子中，我們將項目清單的項目符號類型設定為 square，因此，瀏覽結果會顯示實心方塊。

```
\Ch13\listtype2.html
<ol style="list-style-type: decimal;">清單1
  <li>刺殺騎士團長</li>
  <li>1Q84</li>
  <li>黑夜之後</li>
</ol>

<ol style="list-style-type: upper-alpha;">清單2
  <li>海邊的卡夫卡</li>
  <li>聽風的歌</li>
  <li>挪威的森林</li>
</ol>
```

```
   清單1
 1. 刺殺騎士團長
 2. 1Q84
 3. 黑夜之後

   清單2
A. 海邊的卡夫卡
B. 聽風的歌
C. 挪威的森林
```

lower-roman

小寫羅馬數字，例如 i、ii、iii、iv、v、…。

upper-roman

大寫羅馬數字，例如 I、II、III、IV、V、…。

lower-alpha、lower-latin

小寫英文字母，例如 a、b、c、…、z。

upper-alpha、upper-latin

大寫英文字母，例如 A、B、C、…、Z。

lower-greek

小寫希臘字母，例如 α、β、γ、…。

CSS3 還提供了 thai、georgian、armenian、kannada 等特殊的編號類型，有興趣的讀者可以查看官方文件。

在這個例子中，清單 1 的編號類型為阿拉伯數字 (decimal)，而清單 2 的編號類型為大寫英文字母 (upper-alpha)。

圖片項目符號

list-style-image

list-style-image 屬性用來設定圖片項目符號，可以套用在 <ul>、<ol>、<li> 元素，預設值為 none（無）。

在這個例子中，我們使用 list-style-image 屬性將項目清單的項目符號設定為圖檔 starred.gif（如下圖），因此，瀏覽結果會顯示紅色星號。

語法：

```
list-style-image: none | url(圖檔網址)
```

\Ch13\listimage.html

```
<ul style="list-style-image: url(starred.gif);">
  <li>刺殺騎士團長</li>
  <li>1Q84</li>
  <li>黑夜之後</li>
  <li>海邊的卡夫卡</li>
  <li>聽風的歌</li>
  <li>挪威的森林</li>
</ul>
```

★ 刺殺騎士團長
★ 1Q84
★ 黑夜之後
★ 海邊的卡夫卡
★ 聽風的歌
★ 挪威的森林

項目符號與編號位置

```
list-style-position: outside | inside
```

\Ch13\listposition.html

```
<ol style="list-style-position: outside;">清單1
  <li>刺殺騎士團長</li>
  <li>1Q84</li>
  <li>黑夜之後</li>
</ol>
<ol style="list-style-position: inside;">清單2
  <li>海邊的卡夫卡</li>
  <li>聽風的歌</li>
  <li>挪威的森林</li>
</ol>
```

```
        清單1
  ┌ 1. 刺殺騎士團長
 ❶ 2. 1Q84
  └ 3. 黑夜之後

        清單2
  ┌ 1. 海邊的卡夫卡
 ❷ 2. 聽風的歌
  └ 3. 挪威的森林
```

❶ 編號位於項目文字區塊的外部

❷ 編號位於項目文字區塊的內部

list-style-position

list-style-position 屬性用來設定項目符號與編號位置，可以套用在 <ul>、<ol>、<li> 元素，設定值如下：

outside

位於項目文字區塊的外部（預設值）。

inside

位於項目文字區塊的內部。

在這個例子中，清單 1 的編號位於項目文字區塊的外部，而清單 2 的編號位於項目文字區塊的內部。

清單樣式速記

list-style

list-style 屬性是 list-style-type、list-style-image、list-style-position 等 屬 性 的 速記，用來設定項目符號與編號樣式，可以套用在 <ul>、<ol>、<li> 元素。

這些屬性值的中間以空白隔開，沒有順序之分，省略不寫的屬性值會使用預設值。

在第一個例子中，清單 1 的編號為大寫羅馬數字，且編號位於項目文字區塊的外部，而清單 2 的編號為小寫羅馬數字，且編號位於項目文字區塊的內部。

```
list-style: 屬性值1 [屬性值2 [...]]
```

\Ch13\liststyle1.html

```html
<ol style="list-style: upper-roman outside;">清單1
  <li>刺殺騎士團長</li>
  <li>1Q84</li>
  <li>黑夜之後</li>
</ol>
<ol style="list-style: lower-roman inside;">清單2
  <li>海邊的卡夫卡</li>
  <li>聽風的歌</li>
  <li>挪威的森林</li>
</ol>
```

清單1
- ❶
  - I. 刺殺騎士團長
  - II. 1Q84
  - III. 黑夜之後

清單2
- ❷
  - i. 海邊的卡夫卡
  - ii. 聽風的歌
  - iii. 挪威的森林

❶ 大寫羅馬數字編號位於項目文字區塊的外部

❷ 小寫羅馬數字編號位於項目文字區塊的內部

```
\Ch13\liststyle2.html
<!DOCTYPE html>
<html>
  <head>
    <meta charset="utf-8">
    <style>
      ul {list-style: square; color: red;}
      ol {list-style: decimal; color: blue;}
      li {margin: 10px 0px 0px 0px;}
    </style>
  </head>
  <body>
    <ul>
      <li>村上春樹長篇小説
        <ol>
          <li>1Q84</li>
          <li>黑夜之後</li>
          <li>聽風的歌</li>
        </ol>
      </li>
      <li>村上春樹短篇小説
        <ol>
          <li>東京奇譚集</li>
          <li>萊辛頓的幽靈</li>
        </ol>
      </li>
    </ul>
  </body>
</html>
```

在第二個例了中，我們設計了一個巢狀清單，第一層是項目符號清單，項目符號類型為實心方塊，色彩為紅色，而第二層是編號清單，編號類型為阿拉伯數字，色彩為藍色。

此外，為了增加各個項目彼此之間的距離，使項目文字不會緊貼在一起，我們將 <li> 元素的上、右、下、左邊界設定為 10、0、0、0 像素，瀏覽結果如下圖。

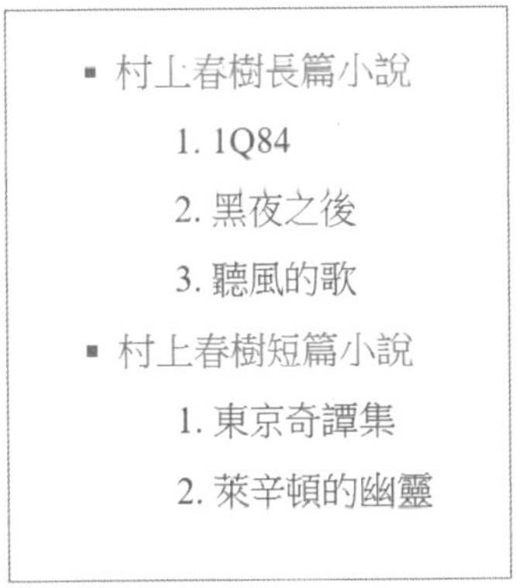

- 村上春樹長篇小説
  1. 1Q84
  2. 黑夜之後
  3. 聽風的歌
- 村上春樹短篇小説
  1. 東京奇譚集
  2. 萊辛頓的幽靈

設定表格的外觀

在開始介紹表格專用的屬性之前，我們先透過一個簡單的例子，示範如何使用前幾章所介紹的色彩、字型、文字、邊界、留白、框線、背景等屬性設定表格的外觀。

在這個例子中，我們使用了幾個技巧，首先，根據內容將表格寬度設定為 300 像素、字型為標楷體。

若要令表格依照網頁寬度做縮放，可以將表格寬度設定為網頁寬度的百分比，例如 width: 80% 表示網頁寬度的 80%。

接著，為了區隔出標題列，於是在標題儲存格加上粉紅色下框線，當然您也可以發揮創意設計其它樣式，例如加上醒目的背景色彩。

\Ch13\table1.html

```
<!DOCTYPE html>
<html>
  <head>
    <meta charset="utf-8">
    <style>
❶    table {width: 300px; font-family: 標楷體;}
❷    th {border-bottom: solid 2px pink;}
❸    th, td {padding: 4px;}
❹    tr.odd {background: #eaeaea; text-align: center;}
❺    tr.even {text-align: center;}
❻    tr:hover {background: pink;}
    </style>
  </head>
<body>
  <table>
    <tr>
      <th>星座</th>
      <th>星座花</th>
    </tr>
    <tr class="odd">
      <td>水瓶座</td>
      <td>瑪格麗特</td>
    </tr>
    <tr class="even">
      <td>雙魚座</td>
      <td>鬱金香</td>
    </tr>
    <tr class="odd">
      <td>牡羊座</td>
      <td>木堇</td>
    </tr>
```

再來，將儲存格的留白設定為 4 像素，避免儲存格的文字太貼近邊緣，而顯得擁擠。

繼續，在奇數列與偶數列加上 odd 和 even 類別，然後設定樣式規則，讓奇數列與偶數列顯示不同的背景色彩。

最後，使用 :hover 虛擬類別設定當游標移到列時，就變成粉紅色背景。

① 表格寬度為 300 像素、字型為標楷體

② 標題儲存格的下方框線為 2 像素、實線、粉紅色

③ 儲存格的留白為 4 像素

④ 奇數列的背景色彩為 #eaeaea、文字置中

⑤ 偶數列的文字置中

⑥ 當游標移到列時，就變成粉紅色背景

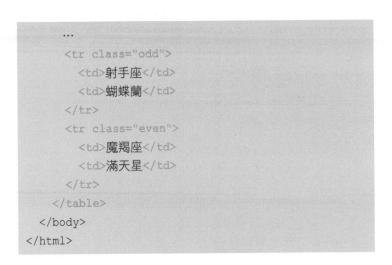

```
        ...
        <tr class="odd">
            <td>射手座</td>
            <td>蝴蝶蘭</td>
        </tr>
        <tr class="even">
            <td>魔羯座</td>
            <td>滿天星</td>
        </tr>
    </table>
  </body>
</html>
```

星座	星座花
水瓶座	瑪格麗特
雙魚座	鬱金香
牡羊座	木菫
金牛座	矮牽牛
雙子座	玫瑰
巨蟹座	洋桔梗
獅子座	向日葵
處女座	大理花
天秤座	波斯菊
天蠍座	秋海棠
射手座	蝴蝶蘭
魔羯座	滿天星

表格框線分開或重疊

border-collapse

border-collapse 屬性用來設定表格框線是要分開或重疊，可以套用在 <table> 元素，設定值如下：

separate

採取「分開」模式，表格與儲存格彼此之間的框線是分隔開來的（預設值）。

collapse

採取「重疊」模式，表格與儲存格彼此之間的框線是重疊在一起的。

語法：

```
border-collapse: separate | collapse
```

\Ch13\collapse.html

```html
<!DOCTYPE html>
<html>
  <head>
    <meta charset="utf-8">
    <style>
      table {
        border: dashed 3px black;
        border-collapse: seperate;
      }
      th, td {
        border-style: solid; border-width: 3px;
        border-color: red blue orange aqua;
        padding: 3px;
      }
    </style>
  </head>
  <body>
    <table>
      <tr>
        <th>書名</th>
        <th>出版年份</th>
      </tr>
      <tr>
        <td>1Q84</td>
        <td>2009年</td>
      </tr>
      ...
    </table>
  </body>
</html>
```

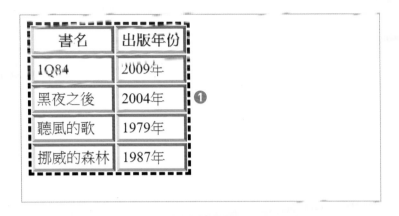

在這個例子中，我們先將表格的框線設定為黑色的 3 像素虛線，接著將儲存格的上、右、下、左框線設定為紅色、藍色、橘色、水藍色的 3 像素實線，然後示範 border-collapse 屬性為 separate 和 collapse 的瀏覽結果，前者的框線是分開的，而後者的框線是重疊的。

```
table {
  border: dashed 3px black;
  border-collapse: collapse;
}
th, td {
  border-style: solid; border-width: 3px;
  border-color: red blue orange aqua;
  padding: 3px;
}
```

書名	出版年份
1Q84	2009年
黑夜之後	2004年
聽風的歌	1979年
挪威的森林	1987年

❷

❶ separate（表格框線分開）　❷ collapse（表格框線重疊）

隱藏或顯示空白儲存格

empty-cells

empty-cells 屬性用來設定在「分開」(separate) 模式下，是否顯示空白儲存格的框線與背景，可以套用在 <th>、<td> 元素，設定值如下：

show

顯示空白儲存格的框線與背景 (預設值)。

hide

隱藏空白儲存格的框線與背景。

語法：

```
empty-cells: show | hide
```

\Ch13\emptycells.html

```
<!DOCTYPE html>
<html>
  <head>
    <meta charset="utf-8">
    <style>
      table {border: red 2px dashed;}
      th, td {border: blue 2px solid; empty-cells: show;}
    </style>                                              ❷
  </head>
  <body>
    <table>
      <tr>
        <th>書名</th>
        <th>出版年份</th>
      </tr>
      <tr>
        <td>1Q84</td>
        <td></td> ❶
      </tr>
      ...
    </table>
  </body>
</html>
```

❶ 此為空白儲存格　❷ 設定要顯示空白儲存格

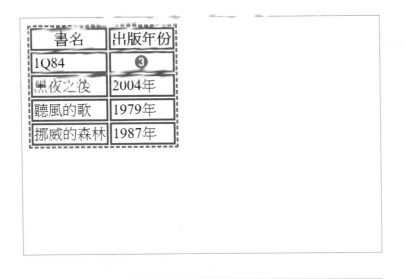

在這個例子中，我們刻意在表格裡面放了一個空白儲存格，接著將表格的框線設定為紅色、2 像素、虛線，儲存格的框線設定為藍色、2 像素、實線，然後示範 empty-cells 屬性為 show 和 hide 的瀏覽結果，前者會顯示空白儲存格的框線，而後者會隱藏空白儲存格的框線。

```
table {border: 2px solid red;}
th, td {border: 2px solid blue; empty-cells: hide;}
```

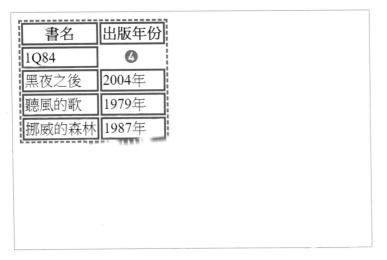

❸ 顯示空白儲存格的結果　❹ 隱藏空白儲存格的結果

表格框線間距

border-spacing

border-spacing 屬性用來設定在「分開」(separate) 模式下的表格框線間距,可以套用在 <table> 元素。

在這個例子中,我們將表格框線間距設定為 10 像素,瀏覽結果如下圖。

語法:

```
border-spacing: 長度
```

\Ch13\spacing.html

```html
<!DOCTYPE html>
<html>
  <head>
    <meta charset="utf-8">
    <style>
      table {border: red 2px dashed;
             border-spacing: 10px;}
      th, td {border: blue 2px solid;}
    </style>
  </head>
<body>
    <table>
      <tr>
        <th>書名</th>
        <th>出版年份</th>
      </tr>
      <tr>
        <td>1Q84</td>
        <td>2009年</td>
      </tr>
      ...
    </table>
  </body>
</html>
```

表格標題位置

caption-side

caption-side 屬性用來設定表格標題位置，可以套用在 <caption> 元素，設定值如下：

top

標題位於表格上方（預設值）。

bottom

標題位於表格下方。

在這個例子中，我們將表格標題位置設定在表格下方，瀏覽結果如下圖。

\Ch13\captionside.html

```html
<!DOCTYPE html>
<html>
  <head>
    <meta charset="utf-8">
    <style>
      table {border: 1px solid; border-collapse: collapse;}
      th, td {border: 1px solid; padding: 3px;}
      caption {caption-side: bottom;}
    </style>
  </head>
  <body>
    <table>
      <caption>村上春樹作品</caption>
      <tr>
        <th>書名</th>
        <th>出版年份</th>
      </tr>
      <tr>
        <td>1Q84</td>
        <td>2009年</td>
      </tr>
      ...
    </table>
  </body>
</html>
```

書名	出版年份
1Q84	2009年
黑夜之後	2004年
聽風的歌	1979年
挪威的森林	1987年
村上春樹作品	

儲存格對齊方式

若要設定儲存格的垂直對齊方式，可以使用第 10 章介紹過的 **vertical-align** 屬性，常見的設定值有 top（靠上）、middle（垂直置中）、bottom（靠下）。

若要設定儲存格的水平對齊方式，可以使用第 10 章介紹過的 **text-align** 屬性，設定值有 left（靠左）、center（水平置中）、right（靠右）、justify（左右對齊）。

在第一個例子中，我們將第一行三個儲存格的 vertical-align 屬性設定為 top、middle 和 bottom，因此，三個儲存格的內容會分別靠上、垂直置中及靠下。

\Ch13\cellvalign.html

```
<table>
  <tr>
    <td style="vertical-align: top;">Bird</td>
    <td><img src="miju.jpg"></td>
  </tr>
  <tr>
    <td style="vertical-align: middle;">Bird</td>
    <td><img src="miju.jpg"></td>
  </tr>
  <tr>
    <td style="vertical-align: bottom;">Bird</td>
    <td><img src="miju.jpg"></td>
  </tr>
</table>
```

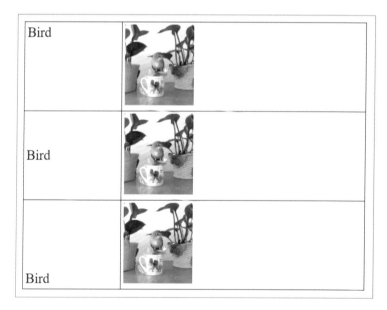

```
<table>
  <tr>
    <td style="vertical-align:top; text-align:left;">Bird</td>
    <td><img src="miju.jpg"></td>
  </tr>
  <tr>
    <td style="vertical-align:middle; text-align:center;">Bird</td>
    <td><img src="miju.jpg"></td>
  </tr>
  <tr>
    <td style="vertical-align:bottom; text-align:right;">Bird</td>
    <td><img src="miju.jpg"></td>
  </tr>
</table>
```

您也可以視實際需要去組合 vertical-align 和 text-align 兩個屬性,例如 vertical-align: bottom 和 text-align: center 會使儲存格的內容靠下方中央。

在第二個例子中,我們除了將第一行三個儲存格的 vertical-align 屬性設定為 top、middle 和 bottom,同時將 text-align 屬性設定為 left、center 和 right,因此,三個儲存格的內容會分別靠左上、正中央及靠右下。

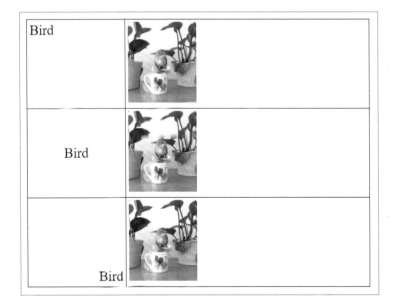

設定表單的外觀

在本章的最後，我們要透過一個簡單的例子，示範如何使用前幾章所介紹的色彩、文字、邊界、留白、框線、背景等屬性設定表單的外觀。

在製作表單時，我們經常會遇到兩個問題，其一是不同的瀏覽器所顯示出來的表單外觀不太一致，其二是表單欄位不容易對齊。

針對前述問題，我們可以使用 CSS 將表單欄位、標籤或按鈕設定統一的樣式，並設法將它們排列整齊。

在這個例子中，我們使用了幾個技巧，首先，將各個表單欄位和按鈕放在獨立的區塊，也就是 <div> 元素。

\Ch13\formwithcss.html

```html
<!DOCTYPE html>
<html>
  <head>
    <meta charset="utf-8">
    <style>
      div {
        width: 250px;              /*區塊寬度*/
        margin: 5px;               /*區塊邊界*/
        padding: 3px;              /*區塊留白*/
        text-align: right;         /*區塊文字靠右*/
      }

      label {
        width: 75px;               /*標籤寬度*/
        float: left;               /*標籤放在左側*/
        text-align: right;         /*標籤文字靠右*/
      }

      #username, #usermail {
        background: #ffffe0;       /*背景色彩*/
        border: solid 1px silver;  /*框線樣式*/
        border-radius: 3px;        /*框線圓角*/
      }

      /*焦點一移到欄位就變成白色背景*/
      #username:focus, #usermail:focus {
        background: white;
      }
    </style>
  </head>
```

```
<body>
  <form>
    <div>
      <label for="username">姓名：</label>
      <input type="text" id="username">
    </div>
    <div>
      <label for="usermail">E-mail：</label>
      <input type="email" id="usermail">
    </div>
    <div class="btn">
      <input type="submit" id="submit" value="送出">
    </div>
  </form>
</body>
</html>
```

接著，使用 CSS 設定區塊的樣式，包括寬度、邊界、留白、文字靠右對齊。

再來，設法讓標籤對齊，於是將標籤的寬度統一，然後將標籤放在區塊左側，文字靠右對齊，有關 float 屬性的用法，下一章有詳細的說明。

繼續，設定兩個輸入欄位的樣式，包括背景色彩、框線、框線圓角。

最後，使用 :focus 虛擬類別設定當輸入欄位一取得焦點時，就變成白色背景。

如此一來，表單不僅能夠對齊，也能夠在不同的瀏覽器維持一致的外觀。

① 尚未加上 CSS 的表單　② 加上 CSS 之後的表單

一般訂票

起訖站	起程站 [請選擇... ▼] 到達站 [請選擇... ▼]
車廂種類	◉ 標準車廂 ○ 商務車廂
日期	[年 /月/日]
票數 (每次限購10張)	[ ]

[開始訂票]

範例

這個例子是一個訂票相關的網頁，裡面使用表格來將表單欄位排列整齊，同時也使用 CSS 設定表格與表單樣式。

首先，將表格和下拉式清單、選擇鈕、日期輸入欄位、數字輸入欄位、提交按鈕等表單欄位撰寫在 HTML 文件（order.html），然後使用 <link> 元素連結樣式表檔案（order.css）。

接著，在樣式表檔案中針對 <div>、<table>、<caption>、<td> 等元素，以及 .style1、.style2、#submit 等選擇器設定樣式，它們分別代表區塊、表格、表格標題、一般儲存格、第一行、第二行和提交按鈕，其中區塊的寬度為 500 像素、置中，而表格的寬度為區塊的 100%，銀灰色框線且重疊，表格標題靠左對齊，第一行為淺灰色，第二行為淺藍色。

此外，在針對提交按鈕的樣式規則中，display: block 屬性用來將顯示層級設定為區塊層級，好讓按鈕從新的一行開始顯示，而 float: right 屬性用來將按鈕放在區塊右側，以達到靠右對齊的效果，我們會在下一章介紹 float 屬性。

```html
<!DOCTYPE html>
<html>
  <head>
    <meta charset="utf-8">
    <title>範例</title>
    <link rel="stylesheet" type="text/css" href="order.css">
  </head>
  <body>
    <div>
      <form>
        <table>
          <caption><h2>一般訂票</h2><caption>
          <colgroup>
            <col class="style1">
            <col class="style2">
          </colgroup>
          <tr>
            <td>起訖站</td>
            <td>
              起程站
              <select name="start">
                <option value="" selected>請選擇...
                <option value="1">台北
                <option value="2">板橋
                <option value="3">台中
                <option value="4">台南
                <option value="5">左營
              </select>
              到達站
              <select name="destination">
                <option value="" selected>請選擇...
                <option value="1">台北
```

```
                    <option value="2">板橋
                    <option value="3">台中
                    <option value="4">台南
                    <option value="5">左營
                  </select>
                </td>
            </tr>
            <tr>
                <td>車廂種類</td>
                <td>
                    <input type="radio" name="car" value="car1" checked>標準車廂
                    <input type="radio" name="car" value="car2">商務車廂
                </td>
            </tr>
            <tr>
                <td>日期</td>
                <td>
                    <input type="date" name="dt">
                </td>
            </tr>
            <tr>
                <td>票數 (每次限購10張)</td>
                <td>
                    <input type="number" name="num" min="1" max="10">
                </td>
            </tr>
        </table>
        <input type="submit" name="submit" id="submit" value="開始訂票">
      </form>
    </div>
  </body>
</html>
```

```css
/*區塊樣式 (寬度、邊界、字型)*/
div {
  width: 500px;
  margin: 10px auto;
  font-family: 微軟正黑體;
}

/*表格樣式 (寬度、框線樣式、框線重疊)*/
table {
  width: 100%;
  border: 1px solid silver;
  border-collapse: collapse;
}

/*表格標題靠左對齊*/
caption {
  text-align: left;
}

/*儲存格樣式 (框線樣式、留白)*/
td {
  border: 1px solid silver;
  padding: 10px;
}

/*表格第一行樣式 (淺灰色背景)*/
.style1 {
  background-color: #eeeeee;
}
```

```
/*表格第二行樣式 (淺黃色背景)*/
.style2 {
  background-color: #ffffe0;
}

/*提交按鈕樣式*/
#submit {
  display: block;                    /*區塊層級*/
  width: 75px;                       /*寬度*/
  margin-top: 20px;                  /*上邊界*/
  float: right;                      /*放在區塊右側*/
  font-family: 微軟正黑體;           /*字型*/
  color: white;                      /*前景色彩*/
  background-color: orangered;       /*背景色彩*/
  padding: 5px;                      /*留白*/
  border: outset 1px white;          /*框線樣式*/
}
```

14

定位方式與版面

CSS 的定位方式主導了網頁版面的編排方式，若您過去習慣使用表格來控制網頁版面，那麼請您多花點時間瞭解這個概念，您會發現 CSS 比表格更適合用來編排各個元素的位置與版面。

在本章中，您將學會：

◆ 使用定位方式 (正常流向、相對定位、絕對定位、固定定位、黏性定位)

◆ 設定重疊順序

◆ 設定浮動元素與清空浮動元素

◆ 製作兩欄式版面與三欄式版面

◆ 製作固定寬度版面與流動版面

◆ 使用 CSS3 新增的多欄式版面屬性

與定位方式相關的屬性

我們可以使用 CSS 提供的 **position** 屬性設定 Box 的 **定位方式** (positioning scheme)，進而控制網頁上各個元素的位置。

正常流向

在**正常流向** (normal flow) 中，Block Box 會在垂直方向由上往下排列，彼此的間距是以上下邊界來計算；而 Inline Box 會在水平方向由左往右排列，彼此的間距是以左右留白、左右框線和左右邊界來計算。

相對定位

相對定位 (relative positioning) 是相對於正常流向來做定位，也就是使用 **top**、**right**、**bottom**、**left** 等屬性設定 Box 的上右下左位移量。

絕對定位

絕對定位 (absolute positioning) 是將 Box 從正常流向中抽離出來，顯示在指定的位置，而正常流向中的其它 Box 均會當它不存在。

固定定位

固定定位 (fixed positioning) 也是將 Box 從正常流向中抽離出來，顯示在指定的位置，它和絕對定位的差別在於 Box 會固定在相同位置，不會隨著內容捲動。

黏性定位

黏性定位 (sticky positioning) 是相對定位與固定定位的混合體，採取黏性定位的元素一開始會被視為相對定位，而當該元素被捲動到超越某個閾值時，就會被視為固定定位。

由於採取絕對定位的 Box 是從正常流向中抽離出來，有時會跟正常流向中的其它 Box 重疊，此時可以使用 **z-index** 屬性設定 Box 的重疊順序。

上右下左位移量

語法：

```
top:    長度 | 百分比 | auto
right:  長度 | 百分比 | auto
bottom: 長度 | 百分比 | auto
left:   長度 | 百分比 | auto
```

\Ch14\top.html

```html
<!DOCTYPE html>
<html>
  <head>
    <meta charset="utf-8">
    <style>
      div {
        background: blue; position: absolute;
        top: 15%; right: 40%; bottom: 30%; left: 20%;
      }
    </style>
  </head>
  <body>
    <div></div>
  </body>
</html>
```

top

right

bottom

left

這四個屬性用來設定 Box 的上右下左位移量，預設值為 auto（自動）。不過，當定位方式為正常流向時，這四個屬性將無法作用。

在這個例子中，我們先使用 position: absolute 屬性將區塊設定為絕對定位，然後使用 top: 15%、right: 40%、bottom: 30% 和 left: 20% 四個屬性將區塊的上右下左位移量設定為網頁的 15%、40%、30% 和 20%，瀏覽結果如左圖。

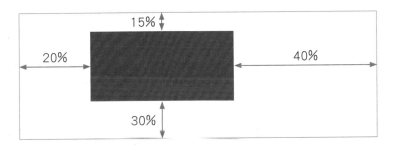

定位方式

正常流向
position: static

position 屬性用來設定 Box 的定位方式，設定值有 static（正常流向）、relative（相對定位）、absolute（絕對定位）、fixed（固定定位）、sticky（黏貼定位），預設值為 static。

在正常流向中，Block Box 會在垂直方向由上往下排列，而 Inline Box 會在水平方向由左往右排列。

在這個例子中，我們使用 position: static 屬性將第二個區塊設定為正常流向，所以它會依照由上往下的順序顯示在中間。

語法：

```
position: static | relative | absolute | fixed | sticky
```

\Ch14\static.html

```
<!DOCTYPE html>
<html>
  <head>
    <meta charset="utf-8">
    <style>
      .box {width: 100px; height: 50px;
            background: limegreen; color: white;}
      #two {background: blue; position: static;}
    </style>
  </head>
  <body>
    <div class="box" id="one">one</div>
    <div class="box" id="two">two</div>
    <div class="box" id="three">three</div>
  </body>
</html>
```

```html
<!DOCTYPE html>
<html>
  <head>
    <meta charset="utf-8">
    <style>
      .box {width: 100px; height: 50px;
            background: limegreen; color: white;}
      #two {background: blue;
            position: relative;
            top: 20px; left: 60px;}
    </style>
  </head>
  <body>
    <div class="box" id="one">one</div>
    <div class="box" id="two">two</div>
    <div class="box" id="three">three</div>
  </body>
</html>
```

相對定位
position: relative

相對定位是相對於正常流向來做定位，也就是使用 top、right、bottom、left 等屬性設定 Box 的上右下左位移量。

在這個例子中，我們先使用 position: relative 屬性將第二個區塊設定為相對定位，然後使用 top 屬性設定它的上緣比正常流向中的位置下移 20 像素，以及使用 left 屬性設定它的左緣比正常流向中的位置右移 60 像素，瀏覽結果如左圖。

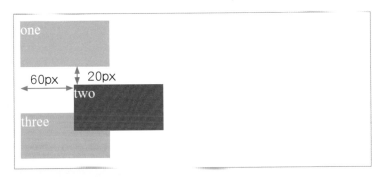

這是另一個例子，裡面有兩行詩句和兩個註釋，為了提升視覺效果，讓註釋相對於詩句本身再下移 5 像素，因此，我們先使用 position: relative 屬性將註釋設定為相對定位，然後使用 top 屬性設定它的上緣比正常流向中的位置下移 5 像素，瀏覽結果如右圖。

最後要告訴您一個小秘訣，若要讓註釋相對於詩句本身再上移 5 像素，可以將 top: 5px 改 為 top: -5px，換句話說，在使用 top、right、bottom、left 等屬性設定位移量時，若設定為負數，表示往相反方向位移。

```
\Ch14\relative2.html
<!DOCTYPE html>
<html>
  <head>
    <meta charset="utf-8">
    <style>
      p {font-size: 14px; line-height: 2;}
      .note {font-size: 10px; color: blue;
             position: relative; top: 5px;}
    </style>
  </head>
  <body>
    <h2>送別</h2>
    <p>山中相送罷，日暮掩柴扉。<span class="note">
        註釋1：柴扉意指柴門。</span></p>
    <p>春草年年綠，王孫歸不歸。<span class="note">
        註釋2：王孫意指友人。</span></p>
  </body>
</html>
```

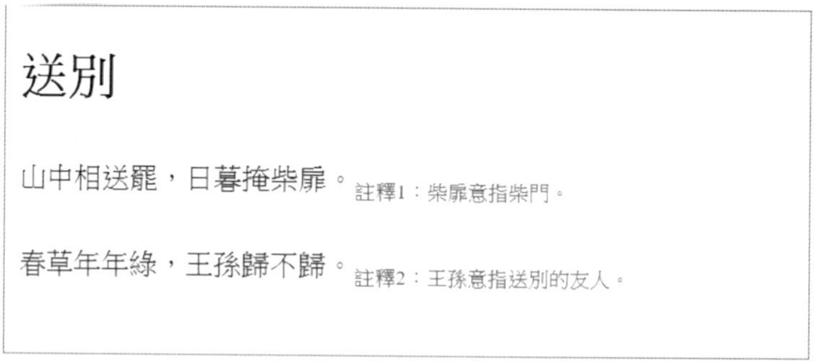

送別

山中相送罷，日暮掩柴扉。 註釋1：柴扉意指柴門。

春草年年綠，王孫歸不歸。 註釋2：王孫意指送別的友人。

```
\Ch14\absolute.html
<!DOCTYPE html>
<html>
  <head>
    <meta charset="utf-8">
    <style>
      .box {width: 100px; height: 50px;
            background: limegreen; color: white;}
      #two {background: blue;
            position: absolute;
            top: 50px; left: 200px;}
    </style>
  </head>
  <body>
    <div class="box" id="one">one</div>
    <div class="box" id="two">two</div>
    <div class="box" id="three">three</div>
  </body>
</html>
```

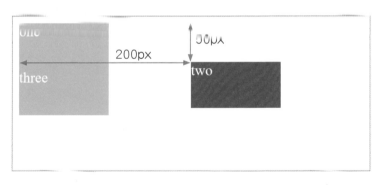

絕對定位

position: absolute

絕對定位是將 Box 從正常流向中抽離出來,顯示在指定的位置,而正常流向中的其它 Box 均會當它不存在。

在這個例子中,我們先使用 position: absolute 屬性將第二個區塊設定為絕對定位,然後使用 top 屬性設定它的上緣比正常流向中的位置下移 50 像素,以及使用 left 屬性設定它的左緣比正常流向中的位置右移 200 像素。

瀏覽結果如左圖,其中第三個區塊會緊貼著第一個區塊,因為第二個區塊被抽離出來了。

這是另一個例子，我們先使用 position: absolute 屬性將圖片設定為絕對定位，然後使用 top 屬性設定它的上緣比正常流向中的位置下移 10 像素，以及使用 right 屬性設定它的右緣比正常流向中的位置左移 10 像素。

瀏覽結果如右圖，圖片會顯示在右上方，只要將捲軸向下移動，圖片就會隨著內容一起向上捲動（圖片來源：Designed by BiZkettE1 / Freepik）。

採取絕對定位的 Box 是從正常流向中抽離出來，有時會跟正常流向中的其它 Box 重疊，必須仔細調整。至於哪個 Box 在上哪個 Box 在下，可以使用 z-index 屬性設定重疊順序。

\Ch14\absolute2.html

```
<!DOCTYPE html>
<html>
  <head>
    <meta charset="utf-8">
    <style>
      img {position: absolute; top: 10px; right: 10px;}
    </style>                    ❶
  </head>
  <body>
    <img src="bg5.jpg" width="150px">
    <h2>望春風</h2>
    <h3>作詞：李臨秋</h3>
    <h3>作曲：鄧雨賢</h3>
    ...
  </body>
</html>
```

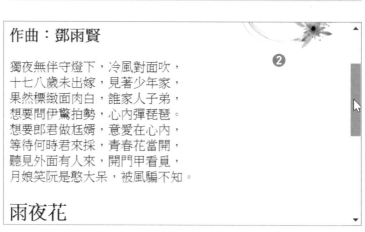

❶ 將圖片設定為絕對定位　❷ 圖片會隨著內容捲動

```
<!DOCTYPE html>
<html>
  <head>
    <meta charset="utf-8">
    <style>
      img {position: fixed; top: 10px; right: 10px;}
    </style>
      ❶
  </head>
  <body>
    <img src="bg5.jpg" width="150px">
    <h2>望春風</h2>
    <h3>作詞：李臨秋</h3>
    <h3>作曲：鄧雨賢</h3>
    ...
  </body>
</html>
```

固定定位
position: fixed

固定定位也是將 Box 從正常流向中抽離出來，顯示在指定的位置，它和絕對定位的差別在於 Box 會固定在相同位置，不會隨著內容捲動。

在這個例子中，我們先使用 position: fixed 屬性將圖片設定為固定定位，然後使用 top 屬性設定它的上緣比正常流向中的位置下移 10 像素，以及使用 right 屬性設定它的右緣比正常流向中的位置右移 10 像素。

瀏覽結果如左圖，圖片會顯示在右上方，而且無論如何移動捲軸，圖片都會固定在相同位置，不會隨著內容捲動。

作曲：鄧雨賢

澹薄無妝本燒卜，冷風對面吹，
十七八歲未出嫁，見著少年家，
果然標緻面肉白，誰家人子弟，
想要問伊驚拍勢，心內彈琵琶。
想要郎君做尪婿，意愛在心內，
等待何時君來採，青春花當開，
聽見外面有人來，開門甲看覓，
月娘笑阮是憨大呆，被風騙不知。

雨夜花

❶ 將圖片設定為固定定位　❷ 圖片不會隨著內容捲動

黏性定位
position: sticky

黏性定位是相對定位與固定定位的混合體，採取黏性定位的元素一開始會被視為相對定位，而當該元素被捲動到超越某個閾值時，就會被視為固定定位。

我們必須使用 top、right、bottom、left 其中一個屬性設定閾值，才能使粘性定位生效。

若同時設定 top 和 bottom 屬性，則 top 屬性的優先順序較高；若同時設定 left 和 right 屬性，則 left 屬性的優先順序較高。

黏性定位經常應用在按字母順序排列之列表的標題。

\Ch14\sticky.html

```html
<!DOCTYPE html>
<html>
  <head>
    <meta charset="utf-8">
    <style>
      dt {
        background: blue; color: white;
        padding: 3px; font: bold 18px/21px Arial;
        position: sticky; top: 0px;
      }
      dd {
        margin: 0px; font: bold 20px/45px Arial;
      }
    </style>
  </head>
  <body>
    <dl>
      <dt>A</dt>
      <dd>align-content</dd>
      ...
      <dt>B</dt>
      <dd>border</dd>
      ...
      <dt>C</dt>
      <dd>color</dd>
      ...
    </dl>
  </body>
</html>
```

在這個例子中，標題 A 一開始是以相對定位顯示在以 a 開頭之項目的上方，而當標題 A 被捲動到網頁上方時（根據 top: 0px 屬性的設定），就換以固定定位顯示在網頁上方。

至於標題 B 一開始是以相對定位顯示在以 b 開頭之項目的上方，而當標題 B 被捲動到網頁上方時（根據 top: 0px 屬性的設定），就換以固定定位顯示在網頁上方。

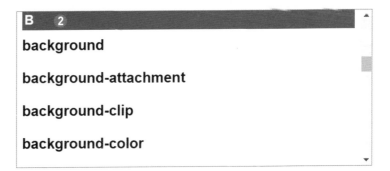

同理，標題 C 一開始是以相對定位顯示在以 c 開頭之項目的上方，而當標題 C 被捲動到網頁上方時（根據 top: 0px 屬性的設定），就換以固定定位顯示在網頁上方。

❶ 當標題 A 被捲動到網頁上方時，就會黏貼在固定位置

❷ 當標題 B 被捲動到網頁上方時，就會黏貼在固定位置

❸ 當標題 C 被捲動到網頁上方時，就會黏貼在固定位置

重疊順序

z-index

由於採取絕對定位的 Box 是從正常流向中抽離出來，有時會跟正常流向中的其它 Box 重疊，此時可以使用 **z-index** 屬性設定 Box 的重疊順序，設定值有 auto 或整數，數字愈大，重疊順序就愈上面，預設值為 auto（自動）。

在這個例子中，我們在網頁裡面放了兩個區塊，其中內部區塊採取絕對定位，而且外部區塊（outside）與內部區塊（inside）的 z-index 屬性分別為 1 和 2，因此，數字較大的內部區塊會重疊在外部區塊上面。

語法：

```
z-index: auto | 整數
```

\Ch14\z-index.html

```html
<!DOCTYPE html>
<html>
  <head>
    <meta charset="utf-8">
    <style>
      .outside {height: 100px; border: dashed;
            z-index: 1;}
      .inside {width: 100px; height: 100px;
            background: pink; position: absolute;
            left: 300px; top: 50px; z-index: 2;}
    </style>
  </head>
  <body>
    <div class="outside">
      <h1>outside</h1>
      <div class="inside"><h1>inside<h1></div>
    </div>
  </body>
</html>
```

網頁版面的類型

網頁版面的類型很多，例如單欄式 vs. 多欄式，固定式 vs. 流動式，而在實際應用上則經常會出現混合式，例如多欄式版面結合流動版面。

單欄式版面

這是根據瀏覽器視窗的寬度由上往下依序顯示網頁內容，適合像手機、平板電腦等螢幕較小的裝置，這樣瀏覽者的目光比較能夠專注在內容上。

多欄式版面

這是將網頁內容劃分成多個欄位，例如兩欄式、三欄式或更多欄，適合像桌機或筆電等螢幕較大的裝置，這樣能夠避免因為內容太長，導致瀏覽者看起來比較吃力或看錯行。

固定式版面

網頁的版面寬度是固定的，不會隨著瀏覽器視窗做縮放，這樣能夠精準掌控元素的大小與位置。

流動版面

網頁的版面寬度會隨著瀏覽器視窗做縮放，由於上網裝置愈來愈多元化，因此，流動版面已經成為網頁設計人員必學的一個技巧。

我們可以使用定位方式或接下來要介紹的 **float** 與 **clear** 屬性設計網頁版面，其中以後者較為常見。

此外，CSS3 亦針對多欄式版面新增數個屬性，例如 column-with、column-count、columns、column-gap、column-rule、column-span、column-fill 等，可以用來設定欄位寬度、欄位數目、欄位速記、欄位間距、欄位分隔線、跨欄和欄位內容填滿方式，稍後也會做介紹。

浮動元素

float

float 屬性用來將一個正常流向中的元素放在容器的左側或右側，而容器裡面的其它元素會環繞在該元素周圍，這個作用就像排版軟體中的「文繞圖」。

float 屬性的設定值有 none（無）、left（左側）、right（右側），預設值為 none。

在這個例子中，我們先使用 float: none 屬性將圖片設定為不浮動，因此，圖片會在正常流向中佔有一個位置，而圖片後面的元素會在垂直方向由上往下排列，瀏覽結果如右圖。

語法：

```
float: none | left| right
```

\Ch14\float.html

```html
<!DOCTYPE html>
<html>
  <head>
    <meta charset="utf-8">
    <style>
      img {float: none;}
    </style>
  </head>
  <body>
    <img src="img2.jpg" width="300">
    <h2>貝爾維第宮</h2>
    <p>貝爾維第宮又名「美景宮」，…。</p>
    <p>美景宮美術館收藏了中世紀和…。</p>
  </body>
</html>
```

貝爾維第宮

貝爾維第宮又名「美景宮」，位於奧地利維也納的一個巴洛克建築風格的宮殿。貝爾維第宮原是哈布斯堡王朝將軍歐根親王的宮殿，目前則是奧地利美景宮美術館。

美景宮美術館收藏了中世紀和巴洛克到現代的許多傑出美術作品，其中最知名的是維也納分離派創始人古斯塔夫·克林姆的代表作「吻」。

```
img {float: left;}
```

貝爾維第宮

貝爾維第宮又名「美景宮」，位於奧地利維也納的一個巴洛克建築風格的宮殿。貝爾維第宮原是哈布斯堡王朝將軍歐根親王的宮殿，目前則是奧地利美景宮美術館。

美景宮美術館收藏了中世紀和巴洛克到現代的許多傑出美術作品，其中最知名的是維也納分離派創始人古斯塔夫·克林姆的代表作「吻」。

❷

```
img {float: right;}
```

貝爾維第宮

貝爾維第宮又名「美景宮」，位於奧地利維也納的一個巴洛克建築風格的宮殿。貝爾維第宮原是哈布斯堡王朝將軍歐根親王的宮殿，目前則是奧地利美景宮美術館。

美景宮美術館收藏了中世紀和巴洛克到現代的許多傑出美術作品，其中最知名的是維也納分離派創始人古斯塔夫·克林姆的代表作「吻」。

❸

接著，我們換使用 float: left 屬性將圖片放在容器的左側，而圖片後面的元素會環繞在圖片周圍，瀏覽結果如左上圖，呈現出文繞圖的效果。

最後，我們換使用 float: right 屬性將圖片放在容器的右側，而圖片後面的元素會環繞在圖片周圍，瀏覽結果如左下圖，呈現出文繞圖的效果。

❶ 將圖片設定為不浮動

❷ 將圖片放在容器的左側

❸ 將圖片放在容器的右側

清空浮動元素

clear

clear 屬性用來清空元素的左側、右側或兩側，也就是讓容器裡面的其它元素不要出現在該元素的左側、右側或兩側，這個作用就像排版軟體中的「解除文繞圖」。

clear 屬性的設定值有 none（無）、left（左側）、right（右側）、both（兩側），預設值為 none。

在第一個例子中，我們先使用 float: left 屬性將圖片放在容器的左側，然後使用 clear: left 屬性清空第二段的左側（即左側不能有圖片或其它元素），於是第二段會順移到圖片的下方。

語法：

```
clear: none | left| right | both
```

\Ch14\clear.html

```
<body>
  <img src="img2.jpg" width="300" style="float: left;">    ❶
  <h2>貝爾維第宮</h2>
  <p>貝爾維第宮又名「美景宮」，…。</p>
  <p style="clear: left;">美景宮美術館收藏…。</p>    ❷
</body>
```

貝爾維第宮

貝爾維第宮又名「美景宮」，位於奧地利維也納的一個巴洛克建築風格的宮殿。貝爾維第宮原是哈布斯堡王朝將軍歐根親王的宮殿，目前則是奧地利美景宮美術館。

美景宮美術館收藏了中世紀和巴洛克到現代的許多傑出美術作品，其中最知名的是維也納分離派創始人古斯塔夫·克林姆的代表作「吻」。   ❸

❶ 將圖片放在容器的左側

❷ 清空第二段的左側

❸ 第二段順移到圖片的下方

```
<body>
    <img src="img2.jpg" width="300" style="float: right;">
    <h2>貝爾維第宮</h2>                                          ❶
    <p>貝爾維第宮又名「美景宮」,…。</p>
    <p style="clear: right;">美景宮美術館收藏…。</p>
</body>                                    ❷
```

在第二個例了中,我們先使用 float: right 屬性將圖片放在容器的右側,然後使用 clear: right 屬性清空第二段的右側(即右側不能有圖片或其它元素),於是第二段會順移到圖片的下方。

貝爾維第宮

貝爾維第宮又名「美景宮」,位於奧地利維也納的一個巴洛克建築風格的宮殿。貝爾維第宮原是哈布斯堡王朝將軍歐根親王的宮殿,目前則是奧地利美景宮美術館。

美景宮美術館收藏了中世紀和巴洛克到現代的許多傑出美術作品,其中最知名的是維也納分離派創始人古斯塔夫·克林姆的代表作「吻」。

❸

❶ 將圖片放在容器的右側

❷ 清空第二段的右側

❸ 第一段順移到圖片的下方

float 與 clear 屬性的運用

CSS 版面設計經常會使用到 float 與 clear 屬性，只要能夠靈活運用這兩個屬性，就等於掌握版面設計的關鍵技巧。

原始碼	瀏覽結果

在右圖中，原始碼有三個區塊，在全部沒有設定 float 屬性的情況下，瀏覽結果會依照由上往下的順序顯示這三個區塊。

原始碼	瀏覽結果

在右圖中，原始碼有三個區塊，三者均加上 float: left 屬性，瀏覽結果會依照由左往右的順序顯示這三個區塊。由於區塊通常會設定寬度，若瀏覽器視窗的寬度不夠，區塊就會被擠

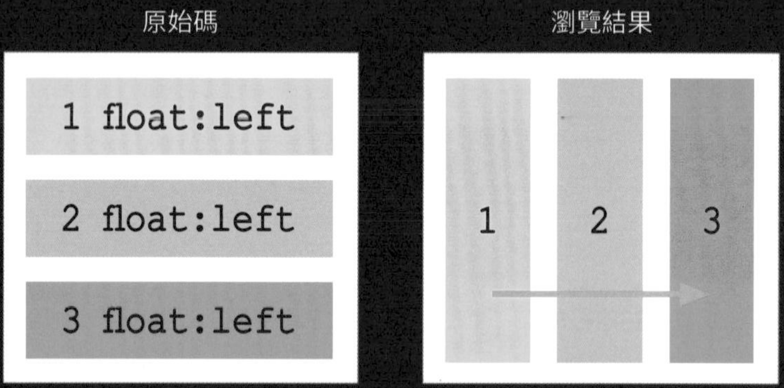

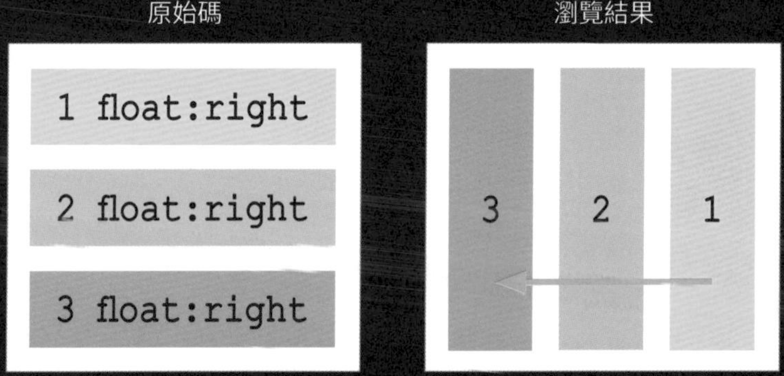

原始碼	瀏覽結果
1 float:right 2 float:right 3 float:right	3　2　1

在左圖中，原始碼有三個區塊，三者均加上 float: right 屬性，瀏覽結果會依照由右往左的順序顯示這三個區塊。

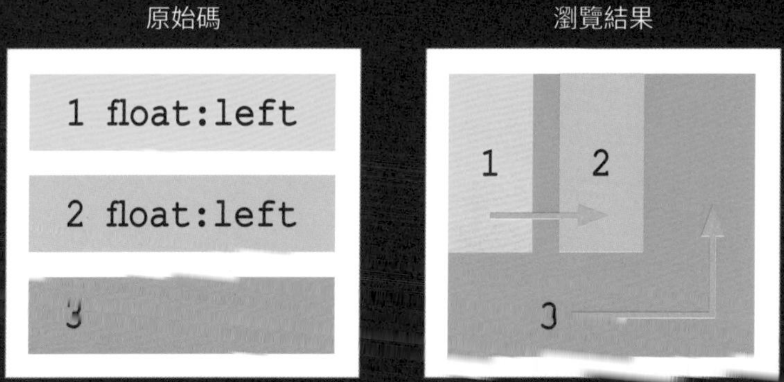

原始碼	瀏覽結果
1 float:left 2 float:left 3	1　2 3

在左圖中，原始碼有三個區塊，前兩者有加上 float: left 屬性，瀏覽結果會依照由左往右的順序顯示這兩個區塊，若此時瀏覽器視窗的寬度還有空間，第三個區塊就會擠進旁邊的空間。

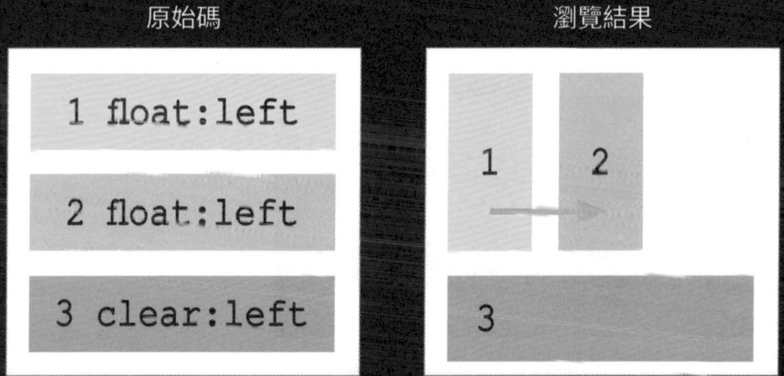

原始碼	瀏覽結果
1 float:left 2 float:left 3 clear:left	1　2 3

為了避免版面錯置的情況，我們可以在第三個區塊加上 clear: left 屬性，解除左側文繞圖，這樣它就會顯示在前兩個區塊的下方。

製作兩欄式版面

多欄式版面是相當常見的版面設計方式,只要運用前面介紹過的 width、height、margin、float 等屬性,就可以設計出兩欄式、三欄式等多欄式版面。

在這個例子中,我們要來製作兩欄式版面,首先,使用兩個 <div> 元素標示兩個欄位。

接著,使用 width、height、margin、float 等屬性設定第一個欄位的寬度、高度、邊界與放在容器的左側。

最後,使用 width、height、margin、float 等屬性設定第二個欄位的寬度、高度、邊界與放在容器的左側。

```
\Ch14\twocols.html
<!DOCTYPE html>
<html>
  <head>
    <meta charset="utf-8">
    <style>
      .col1 {
        width: 620px; height: 300px;
        margin: 10px; background: black; color: white;
        float: left;
      }
      .col2 {
        width: 300px; height: 300px;
        margin: 10px; background: pink;
        float: left;
      }
    </style>
  </head>
  <body>
    <div class="col1"><h1>第 1 欄</h1></div>
    <div class="col2"><h1>第 2 欄</h1></div>
  </body>
</html>
```

製作三欄式版面

三欄式版面的設計方式和兩欄式版面類似，只要在三個欄位加上 float: left 屬性，就可以依照由左往右的順序顯示出來。

在這個例子中，我們要來設計三欄式版面，首先，使用三個 <div> 元素標示三個欄位。

接著，使用 width、height、margin 等屬性設定三個欄位的寬度、高度與邊界。

最後，使用 float 屬性將三個欄位放在容器的左側，令它們往左靠攏並排在一起。

\Ch14\threecols.html

```html
<!DOCTYPE html>
<html>
  <head>
    <meta charset="utf-8">
    <style>
      .col1, .col2, .col3 {
        width: 300px;          /*欄位的寬度*/
        height: 300px;         /*欄位的高度*/
        margin: 10px;          /*欄位的邊界*/
        float: left;           /*放在容器的左側*/
      }
      .col1 {background: black; color: white;}
      .col2 {background: pink;}
      .col3 {background: #eaeaea;}
    </style>
  </head>
  <body>
    <div class="col1"><h1>第 1 欄</h1></div>
    <div class="col2"><h1>第 2 欄</h1></div>
    <div class="col3"><h1>第 3 欄</h1></div>
  </body>
</html>
```

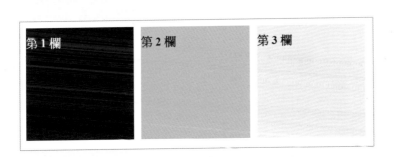

製作固定寬度版面

固定寬度版面 (fixed layout) 的版面寬度是固定的,不會隨著瀏覽器視窗做縮放,寬度通常是以像素為單位。

優點是網頁設計人員能夠精準掌控元素的大小、定位方式與版面配置。

缺點是目前上網裝置的螢幕尺寸不一,若瀏覽器視窗較小,使用者必須移動水平捲軸才能看到完整版面;若使用者放大文字級數,內容可能會超出原先設計的版面。

在這個例子中,我們要來製作固定寬度版面,首先,使用 <header>、<nav>、<main>、<aside>、<footer> 等元素標示頁首、導覽列、主要內容、側邊欄和頁尾。

\Ch14\fixedlayout.html

```html
<!DOCTYPE html>
<html>
  <head>
    <meta charset="utf-8">
    <style>
      body {
        width: 960px;
        margin: 0 auto;
        text-align: center;
      }
      header {
        margin: 10px;
        background: #eaeaea;
      }
      nav {
        margin: 10px;
        background: black; color: white;
      }
      main {
        float: left;
        width: 620px; height: 400px;
        margin: 10px; background: pink;
      }
      aside {
        float: left;
        width: 300px; height: 400px;
        margin: 10px; background: pink;
      }
```

```
      footer {
        clear: left;
        margin: 10px;
        background: #eaeaea;
      }
    </style>
  </head>
  <body>
    <header><h1>頁首</h1></header>
    <nav><h1>導覽列</h1></nav>
    <main><h1>主要內容</h1></main>
    <aside><h1>側邊欄</h1></aside>
    <footer><h1>頁尾</h1></footer>
  </body>
</html>
```

接著,使用 width、margin、text-align 等屬性設定網頁主體的寬度、容器置中和文字置中;繼續,使用 margin、background 等屬性設定頁首與導覽列的邊界和背景色彩。

再來,使用 float、width、height、margin 等屬性設定主要內容與側邊欄的左側文繞圖、寬度、高度和邊界;最後,使用 clear 屬性解除頁尾的左側文繞圖。

瀏覽結果如左圖,版面寬度是固定的,不會隨著瀏覽器視窗做縮放,其中主要內容與側邊欄的寬度為 620px 和 300px,加上兩者各自的左右邊界 4×10px,總共等於網頁主體的寬度為 960px。

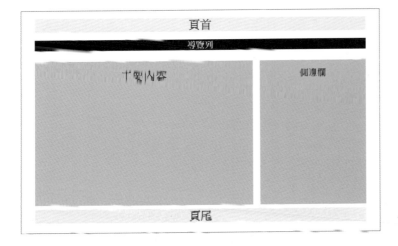

製作流動版面

流動版面 (liquid layout) 的版面寬度會隨著瀏覽器視窗做縮放，寬度通常是以百分比為單位。

優點是版面會自動縮放，使用者不必移動水平捲軸就能看到完整版面。事實上，流動版面正是響應式網頁設計的主要技術之一。

缺點是當瀏覽器視窗很大或很小時，版面會變得很寬或很窄，此時可以搭配 min-width 和 max-width 兩個屬性設定最小與最大寬度。

在這個例子中，我們要來製作流動版面，首先，使用 <header>、<nav>、<main>、<aside>、<footer> 等元素標示頁首、導覽列、主要內容、側邊欄和頁尾。

\Ch14\liquidlayout.html

```html
<!DOCTYPE html>
<html>
  <head>
    <meta charset="utf-8">
    <style>
      body {
        width: 100%; margin: 0 auto; text-align: center;
        min-width: 600px; max-width: 960px;
      }
      header {
        margin: 1%; background: #eaeaea;
      }
      nav {
        margin: 1%; background: black; color: white;
      }
      main {
        float: left;
        width: 64%; height: 300px;
        margin: 1%; background: pink;
      }
      aside {
        float: left;
        width: 32%; height: 300px;
        margin: 1%; background: pink;
      }
      footer {
        clear: left; margin: 1%; background: #eaeaea;
      }
    </style>
  </head>
```

```
<body>
  <header><h1>頁首</h1></header>
  <nav><h1>導覽列</h1></nav>
  <main><h1>主要內容</h1></main>
  <aside><h1>側邊欄</h1></aside>
  <footer><h1>頁尾</h1></footer>
</body>
</html>
```

接著,使用 width、margin、text-align、min-width、max-width 等屬性設定網頁主體的寬度、容器置中、文字置中、最小寬度和最大寬度;繼續,使用 margin、background 等屬性設定頁首與導覽列的邊界和背景色彩。

再來,使用 float、width、height、margin 等屬性設定主要內容與側邊欄的左側文繞圖、寬度、高度和邊界;最後,使用 clear 屬性解除頁尾的左側文繞圖。

瀏覽效果如右圖,版面會隨著瀏覽器視窗做縮放,其中主要內容與側邊欄的寬度為 64% 和 32%,加上兩者各自的左右邊界 4×1%,總共等於網頁主體的 100%。

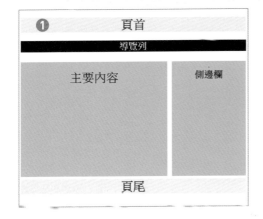

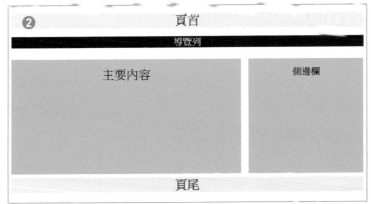

❶ 版面隨著瀏覽器視窗縮小　❷ 版面隨著瀏覽器視窗放大

欄位寬度

column-width

當一行文字太長時，瀏覽者看起來不僅吃力，也容易看錯行，此時可以利用多欄式版面來解決這個問題。

我們在前面有示範過如何使用 width、height、margin、float 等屬性設計多欄式版面，事實上，CSS3 亦針對多欄式版面新增數個屬性，例如 column-with、column-count、columns、column-gap、column-rule、column-span、column fill 等。

column-width 屬性用來在多欄式版面中設定欄位寬度，預設值為 auto，表示由瀏覽器根據實際的版面自動決定。

語法：
```
column-width: auto | 長度
```

\Ch14\colwidth.html

```html
<!DOCTYPE html>
<html>
  <head>
    <meta charset="utf-8">
    <style>
      h1 {background: indianred; color: white;}
      p {background: #eaeaea;}
      div {column-width: 200px;}
    </style>
  </head>
  <body>
    <div>
      <h1>水調歌頭</h1>
      <p>明月幾時有？…。</p>
      <h1>汀城子</h1>
      <p>十年生死兩茫茫，…。</p>
      <h1>滿庭芳</h1>
      <p>山抹微雲，天連衰草，…。</p>
      <h1>蝶戀花</h1>
      <p>庭院深深深幾許，…。</p>
    </div>
  </body>
</html>
```

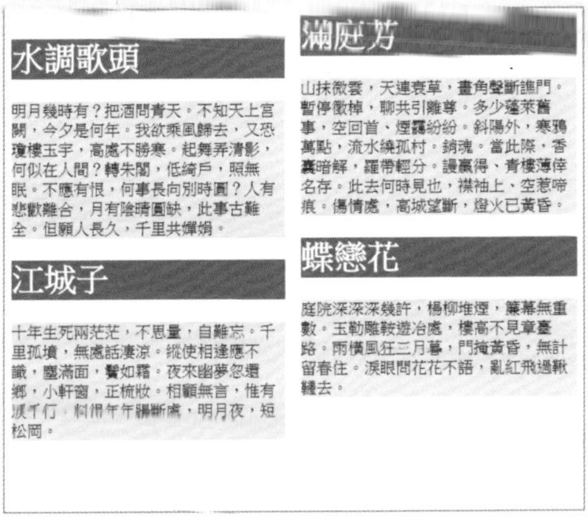

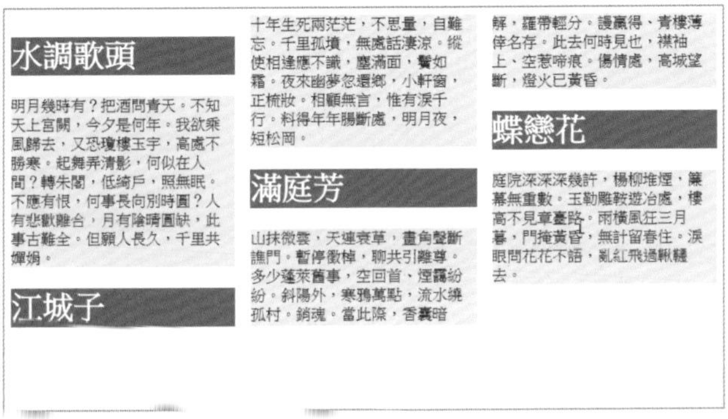

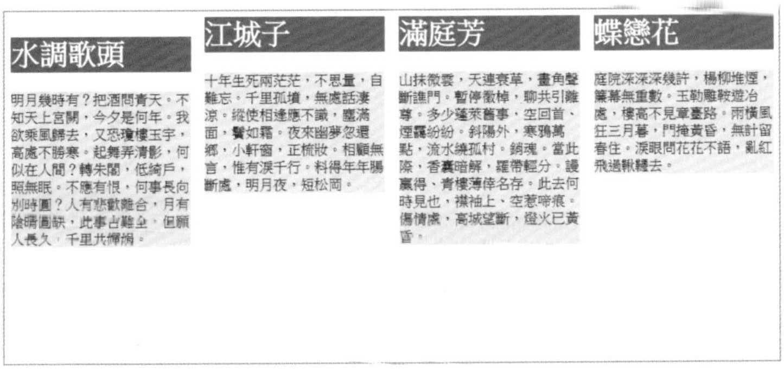

在這個例子中，我們在區塊裡面放了四首宋詞，然後使用 column-width: 200px 屬性將區塊的欄位寬度設定為 200 像素。

瀏覽結果如左圖，欄位寬度會維持在 200 像素左右，但會根據容器的實際寬度做調整。若容器的寬度小於指定的寬度，那麼欄位寬度也會小於指定的寬度。

至於欄位數目則取決於容器的寬度，隨著容器逐漸放大，欄位數目會自動從兩欄增加到三欄和四欄。

欄位數目

column-count

column-count 屬性用來在多欄式版面中設定欄位數目，預設值為 auto，表示由瀏覽器根據實際的版面自動決定。

在這個例子中，我們在區塊裡面放了四首宋詞，然後使用 column-count: 2 屬性將區塊的欄位數目設定為 2。

```
column-count: auto | 正整數
```

\Ch14\colcount.html

```html
<!DOCTYPE html>
<html>
  <head>
    <meta charset="utf-8">
    <style>
      h1 {background: indianred; color: white;}
      p {background: #eaeaea;}
      div {column-count: 2;}
    </style>
  </head>
  <body>
    <div>
      <h1>水調歌頭</h1>
      <p>明月幾時有？…。</p>
      <h1>江城子</h1>
      <p>十年生死兩茫茫，…。</p>
      <h1>滿庭芳</h1>
      <p>山抹微雲，天連衰草，…。</p>
      <h1>蝶戀花</h1>
      <p>庭院深深深幾許，…。</p>
    </div>
  </body>
</html>
```

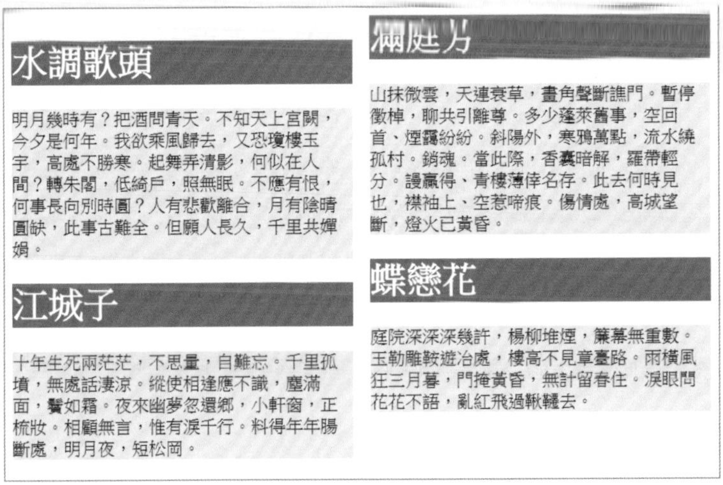

水調歌頭

明月幾時有？把酒問青天。不知天上宮闕，今夕是何年。我欲乘風歸去，又恐瓊樓玉宇，高處不勝寒。起舞弄清影，何似在人間？轉朱閣，低綺戶，照無眠。不應有恨，何事長向別時圓？人有悲歡離合，月有陰晴圓缺，此事古難全。但願人長久，千里共嬋娟。

江城子

十年生死兩茫茫，不思量，自難忘。千里孤墳，無處話淒涼。縱使相逢應不識，塵滿面，鬢如霜。夜來幽夢忽還鄉，小軒窗，正梳妝。相顧無言，惟有淚千行。料得年年腸斷處，明月夜，短松岡。

滿庭芳

山抹微雲，天連衰草，畫角聲斷譙門。暫停徵棹，聊共引離尊。多少蓬萊舊事，空回首、煙靄紛紛。斜陽外，寒鴉萬點，流水繞孤村。銷魂。當此際，香囊暗解，羅帶輕分。謾贏得、青樓薄倖名存。此去何時見也，襟袖上、空惹啼痕。傷情處，高城望斷，燈火已黃昏。

蝶戀花

庭院深深深幾許，楊柳堆煙，簾幕無重數。玉勒雕鞍遊冶處，樓高不見章臺路。雨橫風狂三月暮，門掩黃昏，無計留春住。淚眼問花花不語，亂紅飛過鞦韆去。

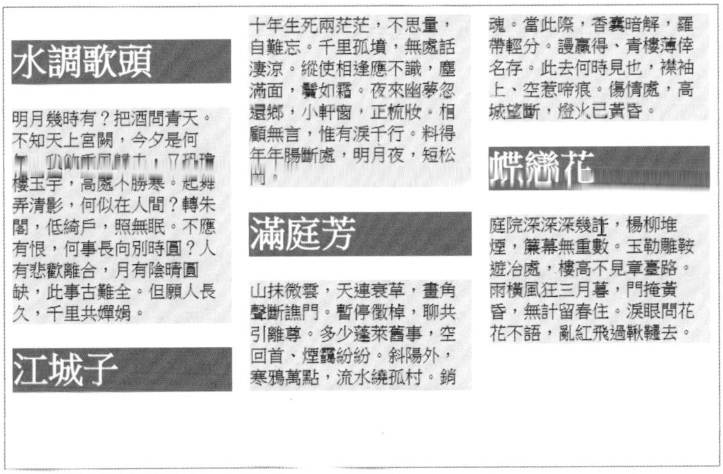

瀏覽結果如左上圖，這是一個兩欄式版面，至於欄位寬度則取決於容器的寬度，隨著容器逐漸放大，欄位寬度也會自動變大。

我們也可以將欄位數目改設定為 3，也就是 column-count: 3，瀏覽結果如左下圖，這是一個三欄式版面，至於欄位寬度則取決於容器的寬度。

```
h1 {background: indianred; color: white;}
p {background: #eaeaea;}
div {column-count: 3;}
```

水調歌頭

明月幾時有？把酒問青天。不知天上宮闕，今夕是何年。我欲乘風歸去，又恐瓊樓玉宇，高處不勝寒。起舞弄清影，何似在人間？轉朱閣，低綺戶，照無眠。不應有恨，何事長向別時圓？人有悲歡離合，月有陰晴圓缺，此事古難全。但願人長久，千里共嬋娟。

江城子

十年生死兩茫茫，不思量，自難忘。千里孤墳，無處話淒涼。縱使相逢應不識，塵滿面，鬢如霜。夜來幽夢忽還鄉，小軒窗，正梳妝。相顧無言，惟有淚千行。料得年年腸斷處，明月夜，短松岡。

滿庭芳

山抹微雲，天連衰草，畫角聲斷譙門。暫停徵棹，聊共引離尊。多少蓬萊舊事，空回首、煙靄紛紛。斜陽外，寒鴉萬點，流水繞孤村。銷魂。當此際，香囊暗解，羅帶輕分。謾贏得、青樓薄倖名存。此去何時見也，襟袖上、空惹啼痕。傷情處，高城望斷，燈火已黃昏。

蝶戀花

庭院深深深幾許，楊柳堆煙，簾幕無重數。玉勒雕鞍遊冶處，樓高不見章臺路。雨橫風狂三月暮，門掩黃昏，無計留春住。淚眼問花花不語，亂紅飛過鞦韆去。

欄位速記

columns

columns 屬性是 column-with 和 column-count 兩個屬性的速記，用來在多欄式版面中設定欄位寬度與欄位數目。

在這個例子中，我們在區塊裡面放了四首宋詞，然後使用 columns: 2 auto 屬性將區塊的欄位數目與欄位寬度設定為 2 和自動。

瀏覽結果如右圖，這是一個兩欄式版面，至於欄位寬度則取決於容器的寬度，隨著容器逐漸放大，欄位寬度也會自動變大。

語法：

```
columns: <column-width> || <column-count>
```

\Ch14\columns.html

```
<!DOCTYPE html>
<html>
  <head>
    <meta charset="utf-8">
    <style>
      h1 {background: indianred; color: white;}
      p {background: #eaeaea;}
      div {columns: 2 auto;}
    </style>
  </head>
  <body>
    <div>
      <h1>水調歌頭</h1>
      <p>明月幾時有？…。</p>
      …
    </div>
  </body>
</html>
```

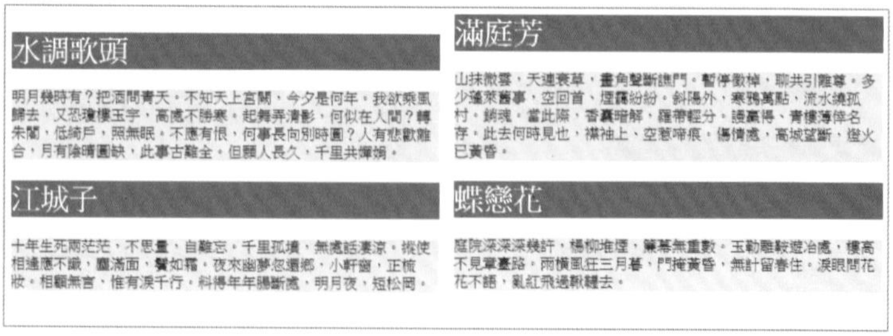

水調歌頭

明月幾時有？把酒問青天，不知天上宮闕，今夕是何年。我欲乘風歸去，又恐瓊樓玉宇，高處不勝寒。起舞弄清影，何似在人間？轉朱閣，低綺戶，照無眠。不應有恨，何事長向別時圓？人有悲歡離合，月有陰晴圓缺，此事古難全。但願人長久，千里共嬋娟。

江城子

十年生死兩茫茫，不思量，自難忘。千里孤墳，無處話淒涼。縱使相逢應不識，塵滿面，鬢如霜。夜來幽夢忽還鄉，小軒窗，正梳妝。相顧無言，惟有淚千行。料得年年腸斷處，明月夜，短松岡。

滿庭芳

山抹微雲，天連衰草，畫角聲斷譙門。暫停征棹，聊共引離尊。多少蓬萊舊事，空回首、煙靄紛紛。斜陽外，寒鴉萬點，流水繞孤村。銷魂，當此際，香囊暗解，羅帶輕分。謾贏得、青樓薄倖名存，此去何時見也，襟袖上、空惹啼痕。傷情處，高城望斷，燈火已黃昏。

蝶戀花

庭院深深深幾許，楊柳堆煙，簾幕無重數。玉勒雕鞍遊冶處，樓高不見章臺路。雨橫風狂三月暮，門掩黃昏，無計留春住。淚眼問花花不語，亂紅飛過鞦韆去。

欄位間距

column-gap

```
column-gap: normal | 長度 | 百分比
```

\Ch14\colgap.html

```
<!DOCTYPE html>
<html>
  <head>
    <meta charset="utf-8">
    <style>
      h1 {background: indianred; color: white;}
      p {background: #eaeaea;}
      div {columns: 3; column-gap: 40px;}
    </style>
  </head>
  <body>
    <div>
      <h1>水調歌頭</h1>
      <p>明月幾時有？…。</p>
      …
    </div>
  </body>
</html>
```

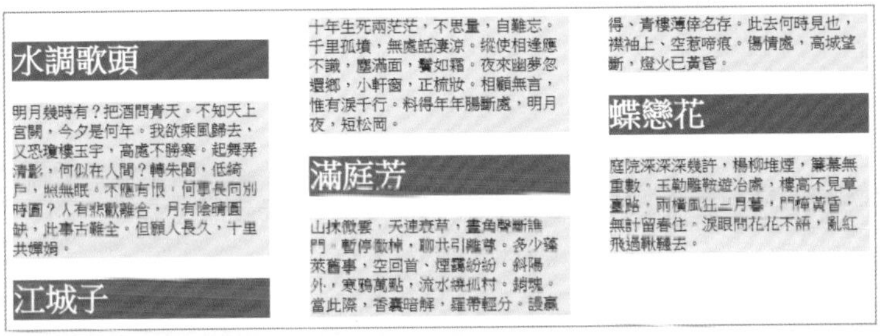

column-gap 屬性用來在多欄式版面中設定欄位間距，預設值為 normal（正常）。

在這個例子中，我們在區塊裡面放了四首宋詞，接著使用 columns: 3 屬性將欄位數目設定為 3，然後使用 column-gap: 40px 屬性將欄位間距設定為 40 像素。

瀏覽結果如左圖，這是一個三欄式版面，而且欄位間距為 40 像素，比正常的欄位間距來得大。

欄位分隔線

我們可以使用下列幾個屬性在多欄式版面中設定欄位之間的分隔線。

column-rule-width

設定分隔線的寬度,設定方式和 border-width 屬性相同,預設值為 medium(中)。

column-rule-style

設定分隔線的樣式,設定方式和 border-style 屬性相同,預設值為 none(無)。

column-rule-color

設定分隔線的色彩。

column-rule

這是前述三個屬性的速記。

語法:

```
column-rule-width: thin | medium | thick | 長度
column-rule-style: none | hidden | dotted | dashed |
    solid | double | groove | ridge | inset | outset
column-rule-color: 色彩
column-rule: <column-rule-width> || <column-rule-style>
    || <column-rule-color>
```

\Ch14\colrule.html

```html
<!DOCTYPE html>
<html>
  <head>
    <meta charset="utf-8">
    <style>
      h1 {background: indianred; color: white;}
      p {background: #eaeaea;}
      div {columns: 3; column-gap: 40px;
            column-rule: dotted blue 3px;}
    </style>
  </head>
  <body>
    <div>
      <h1>水調歌頭</h1>
      <p>明月幾時有?…。</p>
      …
    </div>
  </body>
</html>
```

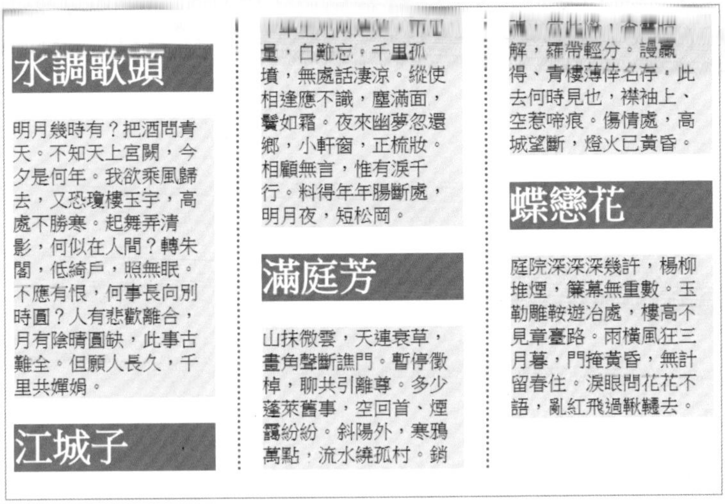

水調歌頭

明月幾時有？把酒問青天。不知天上宮闕，今夕是何年。我欲乘風歸去，又恐瓊樓玉宇，高處不勝寒。起舞弄清影，何似在人間？轉朱閣，低綺戶，照無眠。不應有恨，何事長向別時圓？人有悲歡離合，月有陰晴圓缺，此事古難全。但願人長久，千里共嬋娟。

江城子

十年生死兩茫茫，不思量，自難忘，千里孤墳，無處話淒涼。縱使相逢應不識，塵滿面，鬢如霜。夜來幽夢忽還鄉，小軒窗，正梳妝。相顧無言，惟有淚千行。料得年年腸斷處，明月夜，短松岡。

滿庭芳

山抹微雲，天連衰草，畫角聲斷譙門。暫停徵棹，聊共引離尊。多少蓬萊舊事，空回首、煙靄紛紛。斜陽外，寒鴉萬點，流水繞孤村。銷魂。當此際，香囊暗解，羅帶輕分。謾贏得、青樓薄倖名存。此去何時見也，襟袖上、空惹啼痕。傷情處，高城望斷，燈火已黃昏。

蝶戀花

庭院深深深幾許，楊柳堆煙，簾幕無重數。玉勒雕鞍遊冶處，樓高不見章臺路。雨橫風狂三月暮，門掩黃昏，無計留春住。淚眼問花花不語，亂紅飛過鞦韆去。

在這個例子中，我們在區塊裡面放了四首宋詞，接著將欄位數目設定為 3，欄位間距設定為 40 像素，然後使用 column-rule: dotted blue 3px 屬性將欄位分隔線設定為 3 像素藍色點線，瀏覽結果如左上圖。

我們也可以將欄位分隔線改設定為 3 像素綠色實線，也就是 column-rule: solid green 3px，瀏覽結果如左下圖。

```
h1 {background: indianred; color: white;}
p {background: #eaeaea;}
div {column-count: 3;
     column-rule: solid green 3px;}
```

水調歌頭

明月幾時有？把酒問青天。不知天上宮闕，今夕是何年。我欲乘風歸去，又恐瓊樓玉宇，高處不勝寒。起舞弄清影，何似在人間？轉朱閣，低綺戶，照無眠。不應有恨，何事長向別時圓？人有悲歡離合，月有陰晴圓缺，此事古難全。但願人長久，千里共嬋娟。

江城子

十年生死兩茫茫，不思量，自難忘。千里孤墳，無處話淒涼。縱使相逢應不識，塵滿面，鬢如霜。夜來幽夢忽還鄉，小軒窗，正梳妝。相顧無言，惟有淚千行。料得年年腸斷處，明月夜，短松岡。

滿庭芳

山抹微雲，天連衰草，畫角聲斷譙門。暫停徵棹，聊共引離尊。多少蓬萊舊事，空回首、煙靄紛紛。斜陽外，寒鴉萬點，流水繞孤村。銷魂。當此際，香囊暗解，羅帶輕分。謾贏得、青樓薄倖名存。此去何時見也，襟袖上、空惹啼痕。傷情處，高城望斷，燈火已黃昏。

蝶戀花

庭院深深深幾許，楊柳堆煙，簾幕無重數。玉勒雕鞍遊冶處，樓高不見章臺路。雨橫風狂三月暮，門掩黃昏，無計留春住。淚眼問花花不語，亂紅飛過鞦韆去。

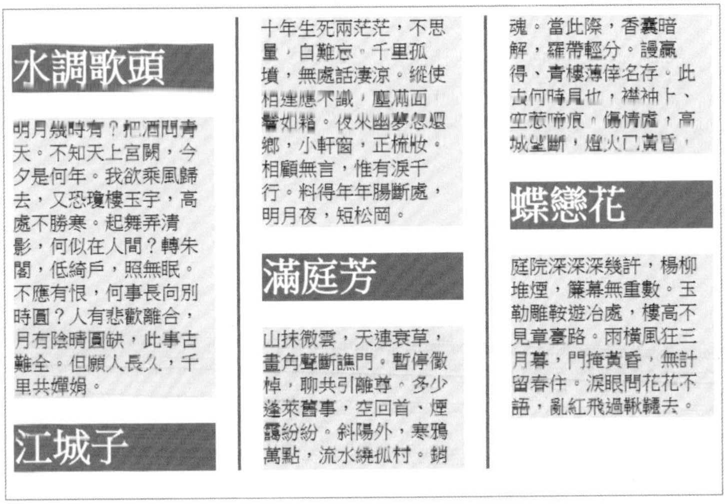

換欄

瀏覽結果會在何處換欄取決於視窗寬度、網頁內容、欄位數目與欄位寬度，若要自行設定換欄，可以使用下列幾個屬性。

break-before

在 Box 前面插入換欄，常見的設定值如下：

auto
自動插入換欄（預設值）。

column
插入換欄。

avoid-column
禁止插入換欄。

break-after

在 Box 後面插入換欄，設定方式和 break-before 相同。

語法：

```
break-before: auto | column | avoid-column
break-after:  auto | column | avoid-column
```

\Ch14\break.html

```html
<!DOCTYPE html>
<html>
  <head>
    <meta charset="utf-8">
    <style>
      h1 {background: indianred; color: white;}
      p {background: #eaeaea;}
      div {columns: 3;}
    </style>
  </head>
  <body>
    <div>
      <h1>水調歌頭</h1>
      <p>明月幾時有？…。</p>
      <h1>江城子</h1>
      <p>十年生死兩茫茫，…。</p>
      <h1>滿庭芳</h1>
      <p>山抹微雲，天連衰草，…。</p>
    </div>
  </body>
</html>
```

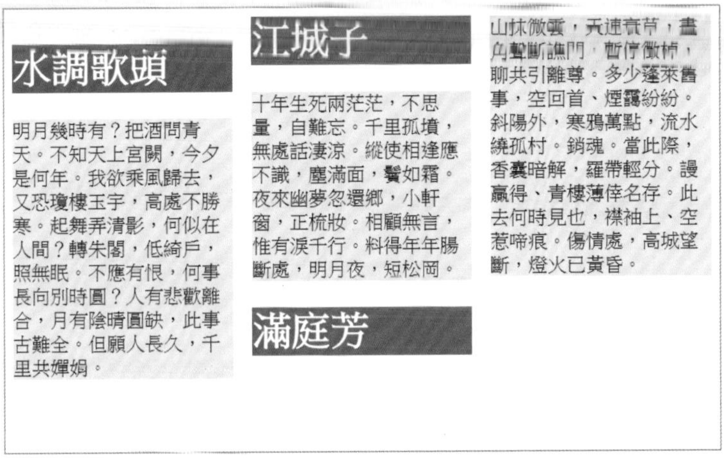

水調歌頭

明月幾時有？把酒問青天。不知天上宮闕，今夕是何年。我欲乘風歸去，又恐瓊樓玉宇，高處不勝寒。起舞弄清影，何似在人間？轉朱閣，低綺戶，照無眠。不應有恨，何事長向別時圓？人有悲歡離合，月有陰晴圓缺，此事古難全。但願人長久，千里共嬋娟。

江城子

十年生死兩茫茫，不思量，自難忘。千里孤墳，無處話淒涼。縱使相逢應不識，塵滿面，鬢如霜。夜來幽夢忽還鄉，小軒窗，正梳妝。相顧無言，惟有淚千行。料得年年腸斷處，明月夜，短松岡。

滿庭芳

山抹微雲，天連衰草，畫角聲斷譙門。暫停徵棹，聊共引離尊。多少蓬萊舊事，空回首、煙靄紛紛。斜陽外，寒鴉萬點，流水繞孤村。銷魂。當此際，香囊暗解，羅帶輕分。謾贏得、青樓薄倖名存。此去何時見也，襟袖上、空惹啼痕。傷情處，高城望斷，燈火已黃昏。

在這個例了中，我們在區塊裡面放了三首宋詞，然後將欄位數目設定為 3，預設是由瀏覽器自動決定換欄，瀏覽結果如左上圖，此時，第三個標題 1 會顯示在第二欄的最下面。

不過，標題 1 顯示在欄位的最下面會讓人感覺閱讀動線不順暢，最好是所有標題 1 都能顯示在欄位的開頭，因此，我們可以使用 break-before: column 屬性在標題 1 前面插入換欄，瀏覽結果如左下圖。

```
h1 {background: indianred; color: white;
    break-before: column;}
p {background: #eaeaea;}
div {columns: 3;}
```

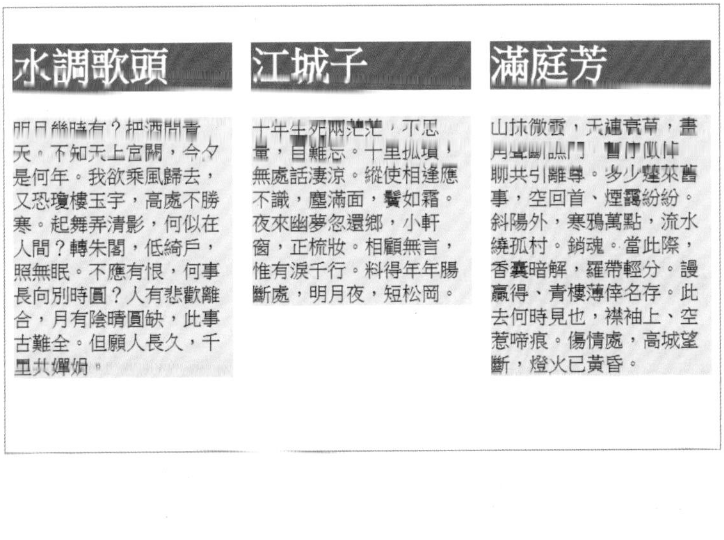

水調歌頭

明月幾時有？把酒問青天。不知天上宮闕，今夕是何年。我欲乘風歸去，又恐瓊樓玉宇，高處不勝寒。起舞弄清影，何似在人間？轉朱閣，低綺戶，照無眠。不應有恨，何事長向別時圓？人有悲歡離合，月有陰晴圓缺，此事古難全。但願人長久，千里共嬋娟。

江城子

十年生死兩茫茫，不思量，自難忘。千里孤墳，無處話淒涼。縱使相逢應不識，塵滿面，鬢如霜。夜來幽夢忽還鄉，小軒窗，正梳妝。相顧無言，惟有淚千行。料得年年腸斷處，明月夜，短松岡。

滿庭芳

山抹微雲，天連衰草，畫角聲斷譙門。暫停徵棹，聊共引離尊。多少蓬萊舊事，空回首、煙靄紛紛。斜陽外，寒鴉萬點，流水繞孤村。銷魂。當此際，香囊暗解，羅帶輕分。謾贏得、青樓薄倖名存。此去何時見也，襟袖上、空惹啼痕。傷情處，高城望斷，燈火已黃昏。

跨欄

column-span

column-span 屬性用來在多欄式版面中設定跨欄，設定值如下：

none
不跨欄（預設值）。

all
跨欄。

在這個例子中，我們在區塊裡面放了兩首唐詩，接著將欄位數目設定為 2，然後使用 column-span: all 屬性將標題 1 設定為跨欄，瀏覽結果如右圖。

語法：

```
column-span: none | all
```

\Ch14\colspan.html

```html
<!DOCTYPE html>
<html>
  <head>
    <style>
      h1 {background: limegreen; column-span: all;}
      h2 {background: orange; break-before: column;}
      div {columns: 2;}
    </style>
  </head>
  <body>
    <div>
      <h1>唐詩欣賞</h1>
      <h2>無題</h2>
      <p>相見時難別亦難，…。</p>
      …
    </div>
  </body>
</html>
```

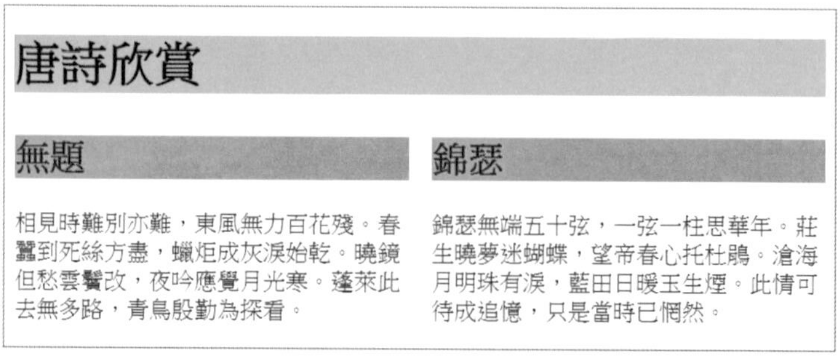

唐詩欣賞

無題

相見時難別亦難，東風無力百花殘。春蠶到死絲方盡，蠟炬成灰淚始乾。曉鏡但愁雲鬢改，夜吟應覺月光寒。蓬萊此去無多路，青鳥殷勤為探看。

錦瑟

錦瑟無端五十弦，一弦一柱思華年。莊生曉夢迷蝴蝶，望帝春心托杜鵑。滄海月明珠有淚，藍田日暖玉生煙。此情可待成追憶，只是當時已惘然。

欄位內容填滿方式

```
column-fill: balance | auto
```

\Ch14\colfill.html

```html
<!DOCTYPE html>
<html>
  <head>
    <meta charset="utf-8">
    <style>
      div {width: 500px; height: 250px;
           background: #ffffe0; column-count: 2;
           column-fill: auto;}
    </style>
  </head>
  <body>
    <div>
      <p>明月幾時有？…。</p>
    </div>
  </body>
</html>
```

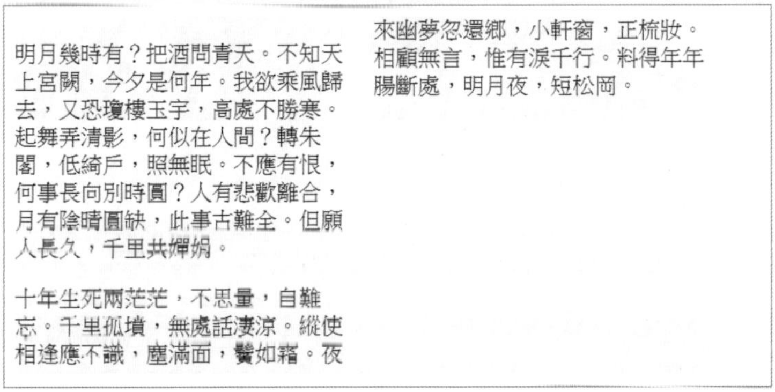

明月幾時有？把酒問青天。不知天上宮闕，今夕是何年。我欲乘風歸去，又恐瓊樓玉宇，高處不勝寒。起舞弄清影，何似在人間？轉朱閣，低綺戶，照無眠。不應有恨，何事長向別時圓？人有悲歡離合，月有陰晴圓缺，此事古難全。但願人長久，千里共嬋娟。

十年生死兩茫茫，不思量，自難忘。千里孤墳，無處話淒涼。縱使相逢應不識，塵滿面，鬢如霜。夜來幽夢忽還鄉，小軒窗，正梳妝。相顧無言，惟有淚千行。料得年年腸斷處，明月夜，短松岡。

column-fill

在預設的情況下，瀏覽器會將內容平均分配到各個欄位，使其高度一致，若要變更為依照區塊的高度顯示，可以使用 **column-fill** 屬性，設定值如下：

balance

將內容平均分配到各個欄位（預設值）。

auto

依照區塊的高度顯示。

在這個例子中，我們先將區塊的寬度與高度設定為 500 和 250 像素，分兩欄，然後使用 column-fill: auto 屬性將內容依照區塊的高度顯示，瀏覽結果如左圖。

日光網路相簿

東京迪士尼1

東京迪士尼2

東京迪士尼3

東京迪士尼4

東京迪士尼5

東京迪士尼6

© 2020日光多媒體

範例

這個例子是一個網路相簿網頁，裡面使用 CSS 設計流動版面，所以內容會隨著瀏覽器視窗做縮放。

首先，將網站名稱、照片和說明文字撰寫在 HTML 文件（album.html），然後使用 <link> 元素連結樣式表檔案（album.css）。

接著，在樣式表檔案中針對 <body>、<header>、<main>、<footer> 等元素，以及 .photo 選擇器設定樣式，它們分別代表網頁主體、頁首、主要內容、頁尾和照片，其中照片樣式為靠左文繞圖，寬度為主要內容的 31%，邊界為主要內容的 1%，框線為 1 像素銀色實線，而頁尾樣式為解除靠左文繞圖，邊界為網頁主體的 1%，留白為 10 像素。

此外，為了避免當瀏覽器視窗很大或很小時，版面會變得很寬或很窄，所以在網頁主體樣式中使用 min-width 和 max-width 兩個屬性設定最小與最大寬度。

```
<!DOCTYPE html>
<html>
  <head>
    <meta charset="utf-8">
    <link rel="stylesheet" type="text/css" href="album.css">
  </head>
  <body>
    <header>
      <h1>日光網路相簿</h1>
    </header>
    <main>
      <div class="photo">
        <img src="disney1.jpg" width="100%"><h4>東京迪士尼1</h4>
      </div>
      <div class="photo">
        <img src="disney2.jpg" width="100%"><h4>東京迪士尼2</h4>
      </div>
      <div class="photo">
        <img src="disney3.jpg" width="100%"><h4>東京迪士尼3</h4>
      </div>
      <div class="photo">
        <img src="disney4.jpg" width="100%"><h4>東京迪士尼4</h4>
      </div>
      <div class="photo">
        <img src="disney5.jpg" width="100%"><h4>東京迪士尼5</h4>
      </div>
      <div class="photo">
        <img src="disney6.jpg" width="100%"><h4>東京迪士尼6</h4>
      </div>
    </main>
    <footer>
      <p>&copy; 2020日光多媒體</p>
    </footer>
  </body>
</html>
```

```
\Ch14\album.css
```

```
/*網頁主體樣式 (寬度、最小寬度、最大寬度、容器置中、文字置中)*/
body {
  width: 100%;
  min-width: 600px;
  max-width: 960px;
  margin: 0 auto;
  text-align: center;
}

/*頁首樣式 (邊界、留白、背景色彩)*/
header {
  margin: 1%;
  padding: 10px;
  background: #eaeaea;
}

/*主要內容樣式 (寬度)*/
main {
  width: 100%;
}

/*照片樣式 (靠左文繞圖、寬度、邊界、框線)*/
.photo {
  float: left;
  width: 31%;
  margin: 1%;
  border: solid silver 1px;
}

/*頁尾樣式 (解除靠左文繞圖、邊界、留白)*/
footer {
  clear: left;
  margin: 1%;
  padding: 10px;
}
```

15

媒體查詢、變形與轉場

CSS 的媒體查詢、變形與轉場屬於比較進階的功能,初學者不一定會立刻派上用場,但還是要認識一下,尤其是在響應式網頁設計當道的今日,媒體查詢更是主要的技術之一。

在本章中,您將學會:

◆　使用媒體查詢功能

◆　自訂網頁上的游標形狀

◆　進行位移、縮放、旋轉、傾斜等變形處理

◆　設定轉場效果

媒體查詢

媒體查詢 (media query) 是由媒體類型或媒體特徵所組成的敘述，可以根據不同的媒體或可視區域、解析度等特徵套用不同的樣式。

媒體類型

CSS3 支援的**媒體類型**如下：

all
全部裝置（預設值）。

print
列印裝置（包括使用預覽列印所產生的文件，例如 PDF 檔）。

screen
螢幕。

speech
語音合成器。

我們可以將媒體查詢撰寫在 <link> 元素的 media 屬性，也可以撰寫在 <style> 元素裡面的 @import 規則或 @media 規則。

例如下面的敘述是使用 <link> 元素的 **media** 屬性設定當媒體類型為 screen 時，就套用 screen.css 檔的樣式表：

```
<link rel="stylesheet" type="text/css"
   media="screen" href="screen.css">
```

例如下面的敘述是使用 **@import** 規則設定當媒體類型為 print 時，就套用 print.css 檔的樣式表：

```
@import url("print.css") print;
```

例如下面的敘述是使用 **@media** 規則設定當媒體類型為 print 或 screen 時（兩者以逗號隔開），就將網頁主體的字型大小設定為 12 像素：

```
@media print, screen {
  body {font-size: 12px;}
}
```

媒體特徵

媒體特徵指的是使用者代理程式、輸出裝置或環境的特徵，CSS3 支援的媒體特徵很多，常見的如下，其中有個 min/max prefix 欄位，Yes 表示可以加上前置詞 min- 或 max- 取得媒體特徵的最小值或最大值，例如 min-width 表示可視區域的最小寬度，而 max-width 表示可視區域的最大寬度。

媒體特徵	說明	min/max prefix
width: 長度	可視區域的寬度（包含捲軸）	Yes
height: 長度	可視區域的高度	Yes
aspect-ratio: 比例	可視區域的寬高比（例如 16/9 表示 16:9）	Yes
orientation: portrait | landscape	裝置的方向（portrait 表示直立，landscape 表示橫放）	No
color: 正整數或 0	裝置的色彩位元數目，0 表示非彩色裝置	Yes
color-index: 正整數或 0	裝置的色彩索引位元數目，0 表示非彩色裝置	Yes
resolution: 解析度	裝置的解析度，例如 72dpi 表示每英吋有 72 個點	Yes
pointer: none | coarse | fine any-pointer: none | coarse | fine	使用者是否有指向裝置，none 表示無；coarse 表示精確度較差，例如觸控螢幕；fine 表示精確度較佳，例如滑鼠	No
hover: none | hover any-hover: none | hover	是否能將游標停留在元素，none 表示不能，hover 表示能	No

在這個例子中，我們撰寫三個媒體查詢，當螢幕的可視區域小於等於 480 像素時（例如手機），就將網頁背景設定為綠色。

當螢幕的可視區域介於 481 ~ 768 像素時（例如平板電腦），就將網頁背景設定為橘色。

當螢幕的可視區域大於等於 769 像素時（例如桌機或筆電），就將網頁背景設定為藍色。

這些媒體查詢使用 **and** 運算子連接多個媒體特徵，表示在它們均成立的情況下才套用指定的樣式。

\Ch15\media.html

```html
<!DOCTYPE html>
<html>
  <head>
    <meta charset="utf-8">
    <style>
      /*螢幕的可視區域小於等於480像素*/
      @media screen and (max-width: 480px){
        body {background: limegreen;}
      }

      /*螢幕的可視區域介於481 ~ 768像素*/
      @media screen and (min-width: 481px) and
        (max-width: 768px){
        body {background: orange;}
      }

      /*螢幕的可視區域大於等於769像素*/
      @media screen and (min-width: 769px) {
        body {background: blue;}
      }
    </style>
  </head>
  <body>
  </body>
</html>
```

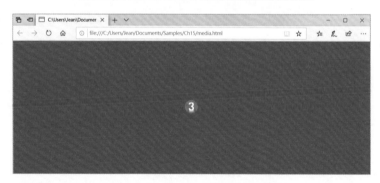

瀏覽結果如上圖，這個網頁有兩個斷點 (breakpoint)，分別是 480 和 768 像素，隨著可視區域逐漸放大，網頁背景將由綠色轉換成橘色，再轉換成藍色。

媒體查詢功能在響應式網頁設計 (RWD，Responsive Web Design) 中扮演著重要的角色，網頁設計人員就是透過這個功能，讓網頁能夠根據使用者的瀏覽器環境（例如可視區域的寬度或行動裝置的方向等），自動調整網頁的版面配置，以提供最佳的顯示結果。

❶ 當可視區域小於等於 480 像素時，網頁背景為綠色

❷ 當可視區域介於 481 ~ 768 像素時，網頁背景為橘色

❸ 當可視區域大於等於 769 像素時，網頁背景為藍色

游標

cursor

我們可以使用 **cursor** 屬性自訂網頁上的游標形狀，其語法如下：

```
cursor: [url(游標檔網址),] 設定值
```

例如下面的敘述是設定當游標移到超連結時，會顯示問號的形狀 ▷?：

```
a:hover {cursor: help;}
```

而下面的敘述是設定當游標移到超連結時，會顯示放大鏡的形狀 ⊕：

```
a:hover {cursor: zoom-in;}
```

至於下面的樣式表是將游標設定為 hand.cur 檔所指定的形狀，逗號後面的 auto 是備用選項，若找不到游標檔，就由瀏覽器自動決定，其它常見的設定值如下表：

```
cursor: url("hand.cur"), auto;
```

設定值	游標	設定值	游標	設定值	游標
auto	自動	alias	▷▭	s-resize	↓
default	預設 ▷	copy	▷⊞	w-resize	←
none	無	move	✛	ne-resize	↗
context-menu	▷▤	no-drop	🖑⊘	nw-resize	↖
help	▷?	not-allowed	⊘	se-resize	↘
pointer	🖑	grab	✋	sw-resize	↙
progress	▷⧖	grabbing	✊	ew-resize	↔
wait	⧖	all-scroll	✛	ns-resize	↕
cell	⊕	col-resize	┿┿	nesw-resize	⤢
crosshair	＋	row-resize	═	nwse-resize	⤡
text	I	n-resize	↑	zoom-in	⊕
vertical-text	⊢⊣	e-resize	→	zoom-out	⊖

變形

```
transform: none | 變形函式
```

\Ch15\transform.html

```
<!DOCTYPE html>
<html>
  <head>
    <meta charset="utf-8">
    <style>
      h1 {
        width: 100px; height: 40px; margin: 0px;
        background-color: blue; color: white;
        position: absolute; left: 100px; top: 50px;
        transform: translate(50px, 0); ❶
      }
    </style>
  </head>
  <body>
    <h1>靜夜思</h1>
  </body>
</html>
```

❷

❶ 使用 translate() 函式進行位移

❷ 向右位移 50 像素

transform

transform 屬 性 用 來 呼 叫 translate()、scale()、 rotate()、skew() 等 函 式， 進行位移、縮放、旋轉、傾 斜等變形處理，預設值為 none（無）。

位移

我們可以使用下列函式將元 素根據參數 x 指定的水平位 移和參數 y 指定的垂直位移 進行位移，若參數 y 省略不 寫，表示使用預設值 0：

- **translate(x[, y])**
- **translateX(x)**
- **translateY(y)**

在這個例子中，我們先使用 translate(50px, 0) 函式將標 題 1 向右位移 50 像素，橘 色框線代表標題 1 的原始 位置。

接著，我們換使用 translate(50px, 30px) 函式將標題 1 向右位移 50 像素、向下位移 30 像素，橘色框線代表標題 1 的原始位置。

```
h1 {
  width: 100px; height: 40px; margin: 0px;
  background-color: blue; color: white;
  position: absolute; left: 100px; top: 50px;
  transform: translate(50px, 30px);
}
```

最後，我們換使用 translate(-50px, -30px) 函式將標題 1 向左位移 50 像素、向上位移 30 像素。此處所設定的水平位移和垂直位移均為負數，表示往相反方向位移，也就是向左位移和向上位移。

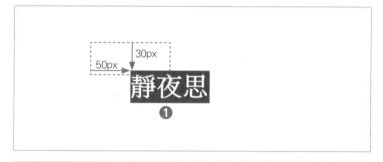

```
h1 {
  width: 100px; height: 40px; margin: 0px;
  background-color: blue; color: white;
  position: absolute; left: 100px; top: 50px;
  transform: translate(-50px, -30px);
}
```

❶ 向右位移 50 像素、向下位移 30 像素

❷ 向左位移 50 像素、向上位移 30 像素

```
h1 {
  width: 100px; height: 40px; margin: 0px;
  background-color: blue; color: white;
  position: absolute; left: 100px; top: 50px;
  transform: scale(2, 1.5);
}
```

静夜思

❶

```
h1 {
  width: 100px; height: 40px; margin: 0px;
  background-color: blue; color: white;
  position: absolute; left: 100px; top: 50px;
  transform: scale(0.5, 0.7);
}
```

❷

❶ 以正中央為基準點水平放大 2 倍和垂直放大 1.5 倍

❷ 以正中央為基準點水平縮小 0.5 倍和垂直縮小 0.7 倍

縮放

我們可以使用下列函式將元素以正中央為基準點，根據參數 x 指定的水平縮放倍數和參數 y 指定的垂直縮放倍數進行縮放，若參數 y 省略不寫，表示使用和參數 x 相同的值：

- **scale(x[, y])**
- **scaleX(x)**
- **scaleY(y)**

在這個例子中，我們先使用 scale(2, 1.5) 函式將標題 1 以正中央為基準點水平放大 2 倍和垂直放大 1.5 倍，橘色框線代表標題 1 的原始位置。

接著，我們換使用 scale(0.5, 0.7) 函式將標題 1 以正中央為基準點水平縮小 0.5 倍和垂直縮小 0.7 倍。

旋轉

我們可以使用 **rotate(*angle*)** 函式將元素以正中央為基準點往順時針方向旋轉參數 *angle* 指定的角度，若角度為負數，表示往逆時針方向旋轉。

在這個例子中，我們先使用 rotate(30deg) 函式將標題 1 以正中央為基準點往順時針方向旋轉 30 度，橘色框線代表標題 1 的原始位置。

接著，我們換使用 rotate(-30deg) 函式將標題 1 以正中央為基準點往逆時針方向旋轉 30 度。

```
h1 {
  width: 100px; height: 40px; margin: 0px;
  background-color: blue; color: white;
  position: absolute; left: 100px; top: 50px;
  transform: rotate(30deg);
}
```

```
h1 {
  width: 100px; height: 40px; margin: 0px;
  background-color: blue; color: white;
  position: absolute; left: 100px; top: 50px;
  transform: rotate(-30deg);
}
```

❶ 以正中央為基準點往順時針方向旋轉 30 度

❷ 以正中央為基準點往逆時針方向旋轉 30 度

```
h1 {
  width: 100px; height: 40px; margin: 0px;
  background-color: blue; color: white;
  position: absolute; left: 100px; top: 50px;
  transform: skew(30deg, 0);
}
```

❶

```
h1 {
  width: 100px; height: 40px; margin: 0px;
  background-color: blue; color: white;
  position: absolute; left: 100px; top: 50px;
  transform: skew(-30deg, 0);
}
```

❷

❶ 在 X 軸方向往左傾斜 30 度

❷ 在 X 軸方向往右傾斜 30 度

傾斜

我們可以使用下列函式將元素在 X 軸與 Y 軸方向傾斜參數 angleX 和參數 angleY 指定的角度，若參數 angleY 省略不寫，表示使用預設值 0：

- **skew(angleX[, angleY])**
- **skewX(angleX)**
- **skewY(angleY)**

在這個例子中，我們先使用 skew(30deg, 0) 函式將標題 1 在 X 軸方向往左傾斜 30 度，橘色框線代表標題 1 的原始位置。

接著，我們換使用 skew (-30deg, 0) 函式將標題 1 在 X 軸方向往右傾斜 30 度。此處所設定的傾斜角度為負數，表示往相反方向傾斜。

變形基準點

transform-origin

transform-origin 屬性用來設定變形處理的基準點。

水平方向的設定值有長度、百分比、left（左）、center（中）、right（右），而垂直方向的設定值有長度、百分比、top（上）、center（中）、bottom（下），預設值為 50% 50%，相當於 center center，表示正中央。

```
transform-origin: [長度 | 百分比 | left | center | right]
    [長度 | 百分比 | top | center | bottom]
```

\Ch15\transform2.html

```
<!DOCTYPE html>
<html>
  <head>
    <meta charset="utf-8">
    <style>
      h1 {
        width: 100px; height: 40px; margin: 0px;
        background-color: blue; color: white;
        position: absolute; left: 100px; top: 50px;
        transform-origin: center center;
        transform: rotate(30deg);
      }
    </style>
  </head>
  <body>
    <h1>靜夜思</h1>
  </body>
</html>
```

```
h1 {
  width: 100px; height: 40px; margin: 0px;
  background-color: blue; color: white;
  position: absolute; left: 100px; top: 50px;
  transform-origin: left top;
  transform: rotate(30deg);
}
```

❶ 以正中央為基準點往順時針方向旋轉 30 度

❷ 以左上角為基準點往順時針方向旋轉 30 度

在這個例子中，我們先使用 transform-origin: center center 屬性將變形基準點設定為正中央，然後使用 rotate(30deg) 函式將標題 1 以正中央為基準點往順時針方向旋轉 30 度，瀏覽結果如左上圖，橘色框線代表標題 1 的原始位置。

接著，我們換使用 transform-origin: left top 屬性將變形基準點設定為左上角，然後使用 rotate(30deg) 函式將標題 1 以左上角為基準點往順時針方向旋轉 30 度，瀏覽結果如左下圖。

轉場

轉場（transition）指的是以動畫的方式改變屬性的值，例如當游標移到按鈕時，背景色彩會從黃色逐漸轉換成藍色。我們可以使用下列幾個屬性達到轉場效果。

transition-property

這個屬性用來設定要進行轉場的屬性，例如 transition-property: background-color, color 表示要進行轉場的是 background-color 和 color 兩個屬性。

transition-duration

這個屬性用來設定完成轉場所需要的時間，以 s（秒）或 ms（毫秒）為單位，例如 transition-duration: 3s 表示要在 3 秒內完成轉場。

transition-delay

這個屬性用來設定開始轉場的延遲時間，以 s（秒）或 ms（毫秒）為單位，例如 transition-delay: 250ms 表示要先等 250 毫秒才開始轉場。

transition-timing-function

這個屬性用來設定轉場的變化方式，常見的設定值如下，例如 transition-timing-function: linear 表示以均勻的速度進行轉場：

ease
開始緩慢，中間加速，後面減速（預設值）。

linear
均勻的速度。

ease-in
開始緩慢，逐漸加速到結束。

ease-out
開始快速，逐漸減速到結束。

transition

這是前述四個屬性的速記，屬性值的中間以空白隔開，省略不寫的屬性值會使用預設值，若有兩個時間，則前者為完成時間，後者為延遲時間。若要設定多個屬性的轉場效果，中間以逗號隔開。

```html
<!DOCTYPE html>
<html>
  <head>
    <meta charset="utf-8">
    <style>
      /*將超連結的外觀設定成黃底黑字*/
      a {
        width: 75px; padding: 10px;
        text-decoration: none;
        background: yellow; color: black;
        border-radius: 10px;
      }
      /*當游標移到超連結時，會出現轉場效果*/
      a:hover {
        background: blue; color: white;
        transition: background 3s 0s, color 2s 1s;
      }
    </style>
  </head>
  <body>
    <a href="data.html">詳細資料</a>
  </body>
</html>
```

在這個例子中，我們先將超連結的外觀設定成黃底黑字，然後設定當游標移到超連結時，會以動畫的方式逐漸轉換成藍底白字。

transition: background 3s 0s, color 2s 1s 表示要進行轉場的是 background 和 color 兩個屬性，其中 background 3s 0s 表示要在 3 秒內轉換背景色彩，沒有延遲時間，而 color 2s 1s 表示要先等 1 秒才開始轉場，而且要在 2 秒內轉換前景色彩。

請注意，您必須實際瀏覽這個例子，才能看到轉場效果。

當游標移到超連結時，會從黃底黑字逐漸轉換成藍底白字

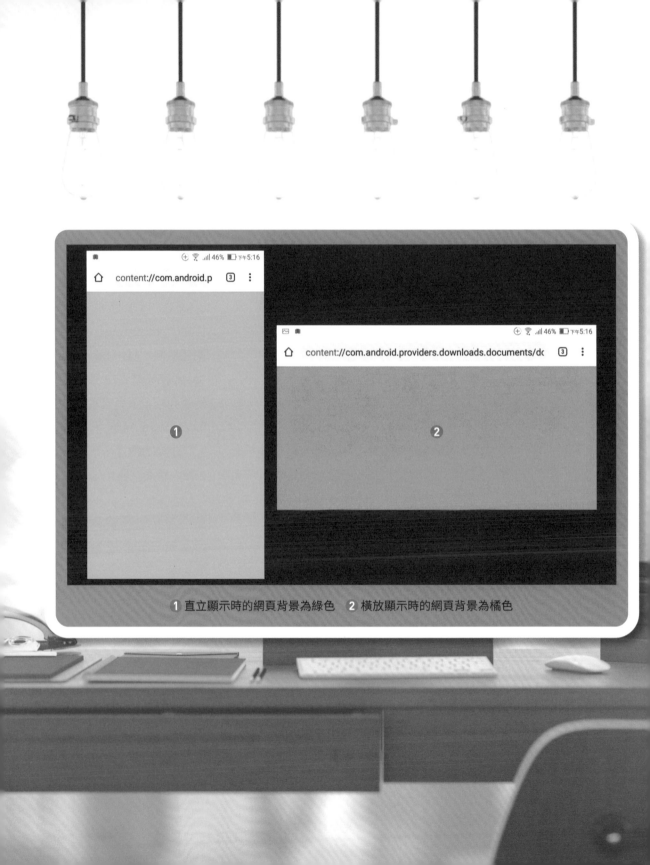

❶ 直立顯示時的網頁背景為綠色　❷ 橫放顯示時的網頁背景為橘色

範例

這個例子是使用媒體查詢功能判斷螢幕的方向，若是直立顯示，就將網頁背景設定為綠色；若是橫放顯示，就將網頁背景設定為橘色。

\Ch15\media2.html

```html
<!DOCTYPE html>
<html>
  <head>
    <meta charset="utf-8">
    <style>
      /*螢幕直立顯示*/
      @media screen and (orientation: portrait){
        body {background: limegreen;}
      }

      /*螢幕橫放顯示*/
      @media screen and (orientation: landscape){
        body {background: orange;}
      }
    </style>
  </head>
  <body>
  </body>
</html>
```

16

響應式網頁設計

為了開發適用於不同裝置的網頁，**響應式網頁設計** (RWD，
Responsive Web Design) 逐漸主導了近年來的網頁設計趨
勢，只要設計單一版本的網頁，就能完整顯示在 PC、平板電
腦、智慧型手機等不同裝置。

在本章中，您將學會：

◆　響應式網頁設計的主要技術、優點與缺點

◆　瞭解行動優先的概念

◆　響應式網頁設計流程

◆　響應式網頁設計原則

◆　響應式網頁設計實例

行動上網對網頁設計的影響

早期用來上網和瀏覽網頁的工具幾乎都是 PC，但隨著無線網路與行動通訊的蓬勃發展，上網裝置愈來愈多元化，尤其是以智慧型手機和平板電腦為首的行動上網更佔了一半以上的瀏覽量。

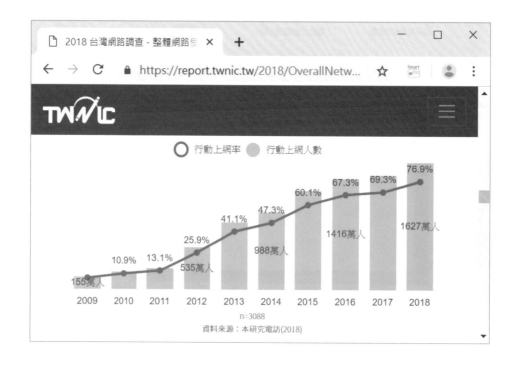

根據 TWNIC（台灣網路資訊中心）所做的「2018 台灣網路報告」指出，台灣的行動上網比例從 2012 年開始大幅上升，到了 2018 年已經高達 76.9%，共計 1627 萬人。

這意味著在設計網頁時，PC 已經不再是唯一的目標，我們要讓網頁能夠在 PC、智慧型手機、平板電腦、智慧電視、智慧家電、遊戲機等裝置上正常顯示並順利操作。

行動裝置的特性

行動裝置的瀏覽器雖然能夠顯示大部分的 PC 網頁，但它有些特性是和 PC 不同的，因此，傳統以 PC 為主要考量的網頁設計思維必須要有所改變。

● 螢幕較小

行動裝置的螢幕比 PC 小，使用者往往得透過頻繁的拉近、拉遠或捲動，才能閱讀 PC 網頁的資訊，操作起來相當不方便。

此外，行動裝置的螢幕可以切換成水平顯示或垂直顯示，在設計網頁的時候不妨發揮此特性。

● 操作方式不同

行動裝置是以觸控操作為主，不再是傳統的滑鼠或鍵盤，使得 PC 網頁到了行動裝置可能會變得不好操作。

例如按鈕太小不易觸控，或是沒有觸控回饋效果，以致於使用者重複點按，又或是設計太多層次的超連結，以致於使用者按著按著就迷路了。

● 執行速度較慢、上網頻寬較小

行動裝置的執行速度比 PC 慢，而且是以行動上網為主，頻寬較小也較不穩定，不像 PC 是以寬頻上網為主，若網頁包含太大的圖片、影片或 JavaScript 程式碼，可能耗時過久無法順利顯示。

● 不支援 Flash 等外掛程式

行動裝置的瀏覽器並不支援 Flash 等 PC 瀏覽器常見的外掛程式，但相對的，行動裝置的瀏覽器對於 HTML5 與 CSS3 的支援程度比 PC 瀏覽器更好，因此，一些動畫效果可以使用 HTML5 與 CSS3 來取代。

針對不同裝置開發不同網站

為了因應行動上網的趨勢,有些網站會針對 PC 開發一種版本的網站,稱為 **PC 網站**,同時針對行動裝置開發另一種版本的網站,稱為 **行動網站**,然後根據上網裝置自動轉址到 PC 網站或行動網站,如下圖。

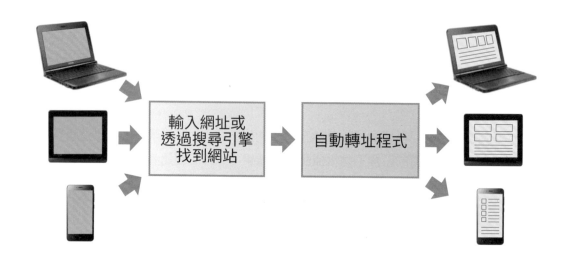

舉例來說,Yahoo! 奇摩的 PC 網站為 https://tw.yahoo.com/,行動網站為 https://tw.mobi.yahoo.com/,兩者的網址不同,內容也不盡相同,不過,使用者無須擔心要連上哪個網站,自動轉址程式會根據上網裝置做判斷。

這種做法的優點是可以針對不同裝置量身訂做最適合的網站,不必因為要適用於不同裝置而有所妥協,例如可以保留 PC 網頁所使用的一些動畫或功能,可以發揮行動裝置的特性,而且網頁的程式碼比較簡潔。

❶ Yahoo! 奇摩的 PC 網站　❷ Yahoo! 奇摩的行動網站

雖然有不少商業網站採取這種做法，但是會面臨到下列問題：

● 開發與維護成本日益遞增

當網站規模愈來愈大時，光是針對 PC、平板電腦、智慧型手機等不同裝置開發專屬的網站就是日益沉重的工作，一旦資料需要更新，還得一一更新個別的網站，不僅耗費時間與人力，也容易導致資料不同步。

● 不同裝置的網站有不同的網址

以 Yahoo! 奇摩為例，其 PC 網站為 https://tw.yahoo.com/，而其行動網站為 https://tw.mobi.yahoo.com/，多個網址可能會不利於搜尋引擎為網站建立索引，影響網站的自然排序名次；此外，當自動轉址程式無法正確判斷使用者的上網裝置時，可能會開啟不適合該裝置的網站。

響應式網頁設計 (RWD)

隨著行動上網的普及，**行動優先** (mobile first) 的概念逐漸主導了近年來的網頁設計趨勢，使得**響應式網頁設計** (RWD，Responsive Web Design) 成為一門新顯學。

RWD 可以讓同一個網頁自動調整版面配置，確保在不同裝置上都有良好的瀏覽結果

響應式網頁設計是一種網頁設計方式，目的是根據使用者的瀏覽器環境（例如可視區域的寬度或行動裝置的方向等），自動調整網頁的版面配置，以提供最佳的顯示結果。

換句話說，只要設計單一版本的網頁，就能完整顯示在 PC、平板電腦、智慧型手機等不同裝置，達到 One Web One URL（單一網站單一網址）的目標。

RWD 的主要技術

響應式網頁設計主要會使用到媒體查詢、流動網格、流動圖片等三種技術。

1

媒體查詢

媒體查詢（media query）是由媒體類型或媒體特徵所組成的敘述，可以根據不同的媒體或可視區域、解析度、裝置的方向等特徵套用不同的樣式，例如根據瀏覽器的寬度自動調整版面配置，隨著寬度逐漸放大，版面將從單欄式變成兩欄式，再變成三欄式，我們在第 15 章介紹過媒體查詢。

2

流動網格

流動網格（fluid grid）包含**網格設計**（grid design）與**流動版面**（liquid layout）兩種技術，前者是一種平面設計方式，利用固定的格子分割版面來設計布局，將內容排列整齊，例如 960 Grid System，而後者的版面寬度會隨著瀏覽器視窗做縮放，我們在第 14 章介紹過如何製作流動版面。

3

流動圖片

流動圖片（fluid image）指的是在設定圖片、影片、地圖或物件等元素的大小時，根據其容器的大小比例做縮放，而不要設定絕對大小，例如 img {width: 100%; height: auto;} 是將圖片的寬度設定為容器寬度的 100%，如此一來，當瀏覽器的寬度改變時，圖片的大小也會自動按比例縮放。

RWD 的優點

相較於針對不同裝置開發不同網站或開發行動裝置 App 的做法,響應式網頁設計具有下列優點:

● 網頁內容只有一種

響應式網頁是同一份 HTML 文件透過 CSS 的技巧,以根據瀏覽器的寬度自動調整版面配置,一旦資料需要更新,只要更新同一份 HTML 文件即可。

● 網址只有一個

響應式網頁的網址只有一個,不會影響網站被搜尋引擎找到的自然排序名次,也不會發生自動轉址程式誤判上網裝置的情況。

● 技術門檻較低

響應式網頁只要透過 HTML 和 CSS 就能達成,不像自動轉址程式必須使用 JavaScript 或 PHP 來撰寫。

● 維護與更新成本較低

由於使用者透過不同裝置所瀏覽的的網頁都是同一份 HTML 文件,沒有 PC 版與行動版之分,所以日後的維護與更新成本較低,而且不會有資料不同步的問題。

● 無須下載與安裝 App

只要透過瀏覽器就能瀏覽網頁,無須下載與安裝 App,避免使用者因為覺得麻煩而放棄瀏覽。

當網頁內容更新時,使用者無須做任何更新的動作,不像 App 一旦要更新,就必須重新審核,然後通知使用者進行更新。

RWD 的缺點

雖然有許多優點，但響應式網頁設計也不足沒有缺點，主要的缺點如下：

● 舊版的瀏覽器不支援

響應式網頁需要使用 HTML5 的部分功能與 CSS3 的媒體查詢功能，諸如 Internet Explorer 8 等舊版的瀏覽器可能無法正常顯示。

● 不易從既有的 PC 版網頁改寫

或許有人會想要將既有的 PC 版網頁改寫成響應式網頁，但從經驗上來說，這往往比從頭開始更花時間，換句話說，打掉重練可能還比較快。

● 開發時間較長

由於響應式網頁要同時兼顧不同裝置，所以需要花費較多時間在不同裝置進行模擬操作與測試。

● 載入時間較長

無論使用者是透過 PC、平板電腦或智慧型手機瀏覽網頁，瀏覽器都是下載同一份網頁，之後再根據瀏覽器的寬度套用不同的樣式，無形之中就會一併下載一些不屬於自己裝置的程式碼，因而影響到下載速度，甚至造成使用者不耐久候而跳離網站。

● 無發充分發揮裝置的特性

為了要適用於不同裝置，響應式網頁的功能必須有所妥協，例如一些在 PC 廣泛使用的動畫或功能可能無法在行動裝置執行，而必須放棄不用；無法針對行動裝置的觸控、螢幕可旋轉、照相功能、定位功能等特性開發專屬的操作介面。

960 Grid System

格線系統 (grid system) 是一種平面設計方式，利用固定的格子分割版面來設計布局，將文字、圖片等內容排列整齊。

網頁設計常用的格線系統通稱為 **960 Grid System**，因為早期的 PC 螢幕寬度約 1024px，扣掉瀏覽器的捲軸與邊框，剩下約 960px。

960 Grid System 通常是將 960px 劃分成 12 欄，而網頁內容就依照欄位數來進行排版，透過格線讓網頁內容維持一致的空間與比例。

例如在下圖中，左邊是網頁畫面，右邊是在網頁畫面加上 12 欄的格線，其中頁首佔用 12 欄，而主要內容中的視頻介紹各自佔用 4 欄。

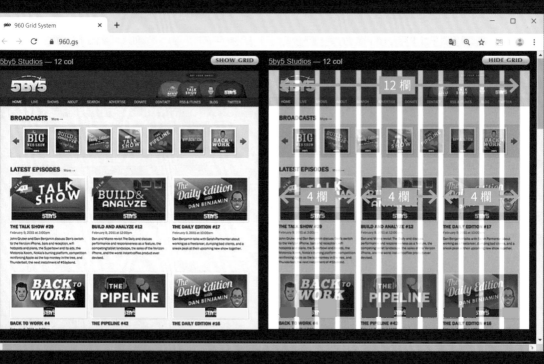

在網頁畫面加上格線就可以看出網頁是依照格線做設計 (網站來源：https://960.gs/)

960 Grid System 具有相當大的彈性，可以用來設計各種版面，營造出專業的設計感。

例如在下圖中，這是一個 12 欄的格線系統，粉紅色的是欄位，白色的是邊界，每一欄的寬度為 60px，每一欄的左右邊界為 10px。

換句話說，欄與欄的間距為 20px，而網頁左右兩側的邊界為 10px，由此可以計算出第一個版面的寬度為 60×12 ＋ 20×11 ＝ 940px。

第二個版面分為兩欄，第一欄的寬度為 60px，而第二欄的寬度為 60×11 ＋ 20×10 ＝ 860px，接下來的其它版面則依此類推。

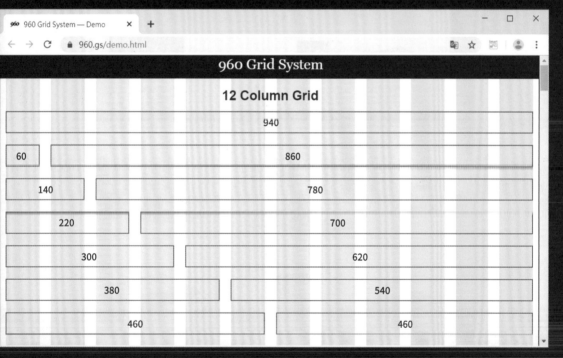

960 Grid System Demo 網站 (https://960.gs/demo.html) 有更多版面設計供您參考

RWD 案例

目前有許多網站採取響應式網頁設計，例如台灣微軟網站會根據瀏[覽器]的寬度自動調整版面配置，當寬度夠大時會顯示四欄，如圖 ❶，隨[著寬]度縮小會顯示兩欄，如圖 ❷，最後變成單欄，如圖 ❸。

行動優先

行動優先 (mobile first) 一詞是由 Luke Wroblewski 所提出，其概念是在設計網站時應以優化行動裝置的瀏覽為主要考量，其它裝置次之。

愈來愈多網站是秉持著行動優先的概念所設計

不過，這並不是說一定要從行動網站開始設計，而是在設計網站的過程中應優先考量網頁在行動裝置上的操作性與可讀性，不能將過去的 PC 網頁直接移植到行動裝置，畢竟 PC 和行動裝置的特性不同。

事實上，在開發響應式網頁時，優先考量如何設計行動網頁是比較有效率的做法，畢竟手機的限制比較多，先想好要在行動網頁放置哪些必要的內容，再來想 PC 網頁可以加上哪些選擇性的內容並逐步加強功能。

多欄式版面

隨著響應式網頁設計逐漸成為主流，許多網站開始導入「多欄式版面」，行動網頁通常採取如圖 ❶ 的單欄式，而 PC 網頁因為寬度較大，可以採取如圖 ❷ 的兩欄式或如圖 ❸ 的三欄式。

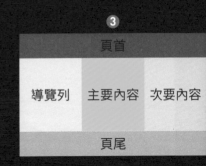

多欄式版面的設計原則如下：

● 螢幕最大的 PC 是以 2 ~ 4 個欄位為主，到了平板電腦是以 2 ~ 3 個欄位為主，而螢幕最小的手機是以單欄為主。

● 根據內容的性質、資料量，以及瀏覽時的操作性和可讀性，規劃欄位的數目與優先順序。

● PC 網頁可以呈現完整的內容，而行動網頁可以只保留必要的內容。

● 欄位的優先順序通常是由左上到右下，假設 PC 網頁顯示成三個欄位，行動網頁顯示成單欄，那麼最左邊的欄位應顯示在最上面，而最右邊的欄位應顯示在最下面。

● PC 網頁的標題、標誌或圖片可能比較大，而行動網頁可以縮減大小、改變排列方式或隱藏文字說明，例如不顯示輸入框，只保留搜尋圖示，減少導覽列的項目或改成導覽按鈕。

例如時代雜誌網站 (https://time.com/) 會根據瀏覽器的寬度自動調整版面配置，當寬度較大時會顯示三欄，如圖 ❹，隨著寬度縮小會顯示兩欄，如圖 ❺，最後變成單欄，如圖 ❻。

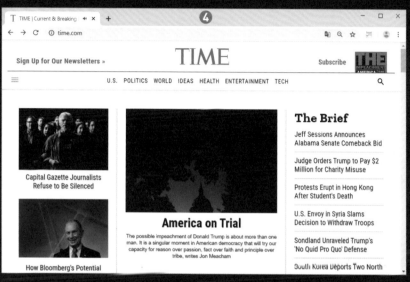

響應式網頁設計流程

響應式網頁設計流程有別於傳統的 PC 網頁設計流程，兩者的差異如下圖。

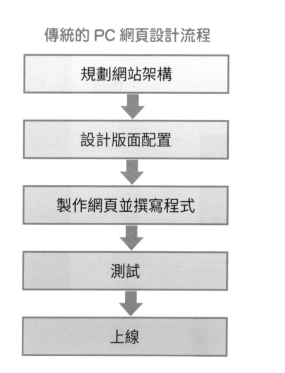

傳統的 PC 網頁設計流程	響應式網頁設計流程
規劃網站架構	規劃網站架構
設計版面配置	設計各裝置的版面配置
製作網頁並撰寫程式	製作網頁並撰寫程式
測試	測試 → 修改
上線	上線

在製作傳統的 PC 網頁時，設計人員經常會使用 Dreamweaver、Photoshop 等軟體設計固定的版面配置，接著製作網頁並撰寫程式，然後進行測試，再正式上線。不過，這樣並無法應付響應式網頁所需要的彈性。

由於響應式網頁必須根據瀏覽器的寬度自動調整版面配置，所以設計人員必須在開發的前半段設計各裝置的版面配置，接著製作網頁並撰寫程式，然後針對各裝置一邊測試一邊修改，反覆進行直到完成，再正式上線。

規劃網站架構

在這個階段中，我們要蒐集資料進行調查分析，瞭解網站的目的與功能，然後規劃網站架構，建議先列出網站有哪些單元，例如公司介紹、服務項目、聯絡方式、營業據點、會員專區、最新消息等，然後以樹狀圖描繪出來。

設計各裝置的版面配置

在這個階段中，我們要決定網頁在不同裝置瀏覽時的版面切換點，稱為**斷點**（breakpoint），例如手機與平板電腦的斷點可以設定在 480 像素，而平板電腦與 PC 的斷點可以設定在 768 像素，然後粗略描繪網頁的版面配置，如下圖。

製作網頁並撰寫程式、測試、修改

在這個階段中，我們可以先撰寫手機版，一邊測試一邊修改，反覆進行直到完成；接著撰寫平板電腦版，此時要透過媒體查詢設定斷點，然後一邊測試一邊修改，反覆進行直到完成；最後再以相同的處理方式撰寫 PC 版。

手機　　　480px　　　平板電腦　　　768px　　　PC

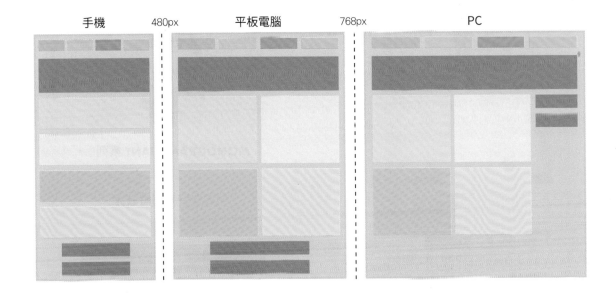

響應式網頁設計原則

響應式網頁和傳統的 PC 網頁所使用的技術差不多，不外乎是 HTML、CSS、JavaScript 或 PHP、ASP.NET 等伺服器端 Script。

不過，行動裝置具有螢幕較小、執行速度較慢、上網頻寬較小、以觸控操作為主、不支援 Flash 等外掛程式等特性，因此，在設計響應式網頁時請注意下面幾個事項：

● 網站的架構不要太多層，傳統的 PC 網頁通常會包含首頁、分類首頁和內容網頁等三層式架構，而響應式網頁則建議改成首頁和內容網頁等兩層式架構，以免使用者迷路了。

● 使用者介面以簡明扼要為原則，簡單明確的內容比強大齊全的功能更重要。

響應式網頁經常採取簡潔的視覺呈現方式，讓使用者一眼就能看出主題

- 網頁的檔案愈小愈好，盡量減少使用動畫、長影片、大圖檔或 JavaScript 程式碼，以免下載時間太久，建議使用 CSS 來設定背景、漸層、透明度、轉場、陰影、框線、色彩等效果。

- 提供設計良好的導覽列或導覽按鈕，方便使用者查看進一步的內容。

- 按鈕要醒目容易觸碰，最好有視覺回饋效果，在一觸碰按鈕時就產生色彩變化，讓使用者知道已經點擊按鈕，而且在載入網頁時可以加上說明或圖案，讓使用者知道正在載入，以免重複觸碰按鈕。

- 實際在不同的瀏覽器和不同的裝置做測試。

將產品分類收納到導覽按鈕，待使用者觸碰導覽按鈕就會展開產品分類

瀏覽器與裝置類型

雖然響應式網頁設計的目的是讓單一版本的網頁能夠完整顯示在 PC、平板、手機等不同裝置，但畢竟不是所有裝置，我們還是要在眾多的作業系統、瀏覽器與裝置類型之間做出取捨。

作業系統

目前 PC 的作業系統是以 Microsoft Windows 10/8/7 和 Apple macOS 10 為主，少數是 Linux。

平板電腦與智慧型手機的作業系統是以 iOS 和 Android 為主，少數是 Windows。

在進行測試時，請以使用者較多的作業系統優先，同時要注意版本。

瀏覽器

目前 PC 的瀏覽器是以 Windows 的 Chrome、Edge、IE、Firefox 等和 macOS 的 Safari 為主。

平板電腦與智慧型手機的瀏覽器是以 iOS 的 Safari 和 Android 的 Chrome 為主。

在進行測試時，請以使用者較多的瀏覽器優先，同時要注意版本。

裝置類型

目前裝置類型是以 PC、平板電腦和智慧型手機為主，另外還有智慧家電、遊戲機等。

在進行測試時，請以使用者較多的機種優先，除了 PC、iPhone、iPad，還要選擇一些採取 Android 的熱門機種，例如 ASUS ZenFone、hTC Desire/U12、三星 Galaxy/Note 等。

螢幕尺寸與螢幕寬度

螢幕尺寸指的是螢幕的對角線長度，螢幕寬度指的是螢幕的水平長度或水平像素數量。對網頁設計來說，水平像素數量是比較容易使用的，因為它就是水平方向的解析度。

iPhone 11
螢幕尺寸：6.1 吋
解析度：828×1792 像素
(326PPI)

iPad mimi 5
螢幕尺寸：7.9 吋
解析度：1536×2048 像素
(326PPI)

iMac
螢幕尺寸：21.5 吋
解析度：1920×1080 像素

上網裝置的螢幕寬度會影響到使用者所能看到的網頁大小，而且隨著上網裝置日趨多元化，例如手機、平板電腦、桌機或筆電等，螢幕寬度的差異也愈來愈大。

大部分的 PC 允許使用者自行設定螢幕的解析度，例如 1920×1080、1440×1050、1280×960、1024×768 等，解析度愈高，能夠顯示的內容就愈多，文字也愈小。

由於相同尺寸的螢幕可能有不同的解析度，而且解析度有愈來愈高的趨勢，因此，在進行網頁設計時，就不能只考慮到螢幕解析度，還必須兼顧螢幕尺寸。

viewport 與裝置像素比

viewport（可視區域）的用途是告訴瀏覽器目前的裝置有多寬（或多高），以做為顯示畫面時的縮放基準。

行動瀏覽器通常是將 viewport 的寬度預設為 980 像素，而 PC 瀏覽器是將 viewport 的寬度設定為瀏覽器的寬度。

當 viewport 設定為螢幕的實際解析度時，解析度的大小將會影響顯示的內容，例如圖 ❶、圖 ❷ 是在 iPad Air 和 iPad mini 顯示相同圖片的結果，由於 iPad Air 的解析度（1536×2048）是 iPad mini（768×1024）的兩倍，所以 iPad Air 顯示的內容較多。

為了讓相同的內容在不同尺寸和不同解析度的螢幕上看起來差不多，於是發展出裝置像素比（DPR，Device Pixel Ratio）的概念，又稱為**密度**（density）。

舉例來說，iPad mini 的 PPI（Pixels Per Inch）為 163，表示每英吋有 163 個像素，將它的裝置像素設定成 1 做為基準，那麼 iPad Air 的 PPI 為 326，表示裝置像素比為 326÷163=2。

當 viewport 設定為實際解析度時，iPad Air 顯示的內容是 iPad mini 的兩倍

接下來只要根據裝置像素比來設定
viewport，也就是令 viewport 等於實際解
析度除以裝置像素比，就可以在不同尺寸和
不同解析度的螢幕上顯示相同的內容，此時
的 viewport 是屬於邏輯解析度。

$$viewport = \frac{實際解析度}{裝置像素比}$$

舉例來說，iPad Air 的實際解析度為
1536×2048，裝置像素比為 2，則 viewport
為 (1536/2)×(2048/2)，也就是 768×1024。

iPad mini 的實際解析度為 768×1024，
裝置像素比為 1，則 viewport 為
(768/1)×(1024/1)，一樣是 768×1024，此
時，在 iPad Air 和 iPad mini 顯示相同圖片
的結果將如圖 ❸、圖 ❹，兩者顯示的內容
相同。

當 viewport 設定為邏輯解析度時，iPad Air
顯示的內容和 iPad mini 相同

響應式網頁設計實例

在本章的最後，我們要運用本書所介紹的 HTML 與 CSS 語法開發一個響應式網頁，裡面有 480px 和 768px 兩個斷點，同時網頁的最大寬度為 960px，如下圖。

960 px

❶ 當瀏覽器的寬度小於等於 480px 時 (手機版)，主要內容會顯示單欄

❷ 當瀏覽器的寬度介於 481 ~ 768 像素時 (平板電腦版)，主要內容會顯示兩欄

❸ 當瀏覽器的寬度大於等於 769 像素時 (PC 版)，主要內容會顯示三欄

❹ 當瀏覽器的寬度大於 960px 時，網頁內容會維持 960px，兩側會顯示空白

內容優先

響應式網頁經常會採取**內容優先** (content first) 的製作方式，也就是從內容開始設計，之後再進行版面配置。

在製作傳統的 PC 網頁時，設計人員經常會使用 Dreamweaver、Photoshop 等軟體設計固定的版面配置，然後將內容放進設計好的版面，但在製作響應式網頁時，則應該是先想好有哪些內容，再來進行版面配置。

以本章所要製作的「日光旅遊」網頁為例，首先，列出網頁的內容區塊（沒有順序之分），如下圖 ❶；接著，將這些內容區塊依照優先順序由高到低加以排序，如下圖 ❷；最後，進行版面配置，如下圖 ❸。

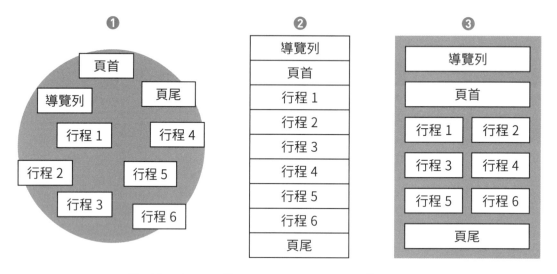

❶ 列出內容區塊　❷ 依照優先順序加以排序　❸ 進行版面配置

決定斷點

斷點 (breakpoint) 指的是網頁在不同裝置瀏覽時的版面切換點，假設斷點為 480px，表示當可視區域小於等於 480px 時會顯示一種版面配置，而當可視區域大於 480px 時會顯示另一種版面配置。

斷點的數量和實際的版面配置數量有關，舉例來說，若網頁準備了手機與 PC 兩種版面配置，那麼需要設定一個斷點；若網頁準備了手機、平板電腦與 PC 三種版面配置，那麼需要設定兩個斷點。

斷點的位置和裝置螢幕的邏輯解析度有關，我們在前面介紹 viewport（可視區域）時有提到邏輯解析度等於實際解析度除以裝置像素比，下面是一些例子供您參考。

一般來說，用來區隔手機與其它裝置常見的斷點有 480px、600px、640px、720px、768px 等；用來區隔平板電腦與 PC 常見的斷點有 768px、800px 等。

以本章所要製作的「日光旅遊」網頁為例，我們將手機與平板電腦的斷點設定為 480px，平板電腦與 PC 的斷點設定 768px。此外，我們還將網頁的最大寬度設定為 960px，一旦可視區域超過 960px，網頁內容會維持 960px，兩側會顯示空白。

機種	實際解析度	裝置像素比	邏輯解析度
iPhone 11	828×1792	2	414×896
iPhone X	1125×2436	3	375×812
iPhone 8	750×1334	2	375×667
iPad Pro	2048×2732	2	1024×1366
iPad Air 2	1536×2048	2	768×1024
iPad mini 5	1536×2048	2	768×1024

撰寫 HTML 文件

我們將「日光旅遊」網頁的 HTML 程式碼列出來，包含**導覽列**、**頁首**、**主要內容**與**頁尾**等四個部分，其中主要內容裡面有六個行程。

這份程式碼雖然有點長，但是很容易理解，相關的講解如下：

- 005：http-equiv="X-UA-Compatible" 表示要以 Internet Explorer 瀏覽器相容模式來顯示網頁，而 content="IE=edge" 表示要使用 Edge 瀏覽器模式來顯示網頁。

- 006：這行敘述很重要，主要用來設定 viewport（可視區域），做為瀏覽器顯示畫面時的縮放基準。

  width=device-width 表示將可視區域的寬度設定為裝置螢幕的邏輯解析度，也就是實際解析度除以裝置像素比，而 initial-scale=1 表示將網頁讀取完畢時的初始縮放比設定為 1:1。

- 008：使用 <link> 元素連結樣式表檔案 RWD.css。

- 011 ~ 019：此為導覽列，包含「首頁」、「票券」、「訂房」和「旅遊」等四個項目，這些超連結會連結到 home.html、ticket.html、hotel.html 和 tour.html 等網頁。

- 021 ~ 026：此為頁首，包含網站名稱和簡短的文字介紹。

- 028 ~ 113：此為主要內容，包含六個行程，每個行程裡面有景點的圖片、簡短的文字介紹和「詳細資料」超連結，會連結到 tour1.html ~ tour6.html 等網頁。

- 115 ~ 120：此為頁尾，包含聯絡電話和「Back to top」超連結，可以用來返回網頁上方。

此外，請您稍微記一下 HTML 元素的 class 屬性，因為在設定樣式的時候會用到。

```
001    <!DOCTYPE html>
002    <html>
003      <head>
004        <meta charset="utf-8">
005        <meta http-equiv="X-UA-Compatible" content="IE=edge">
006        <meta name="viewport" content="width=device-width, initial-scale=1">
007        <title>日光旅遊</title>
008        <link rel="stylesheet" type="text/css" href="RWD.css">
009      </head>
010      <body>
011        <!-- 導覽列 -->
012        <nav>
013          <ul>
014            <li><a class="a-li" href="home.html">首頁</a></li>
015            <li><a class="a-li" href="ticket.html">票券</a></li>
016            <li><a class="a-li" href="hotel.html">訂房</a></li>
017            <li><a class="a-li" href="tour.html">旅遊</a></li>
018          </ul>
019        </nav>
020
021        <!-- 頁首 -->
022        <header>
023          <h1>日光旅遊</h1>
024          <h3>找行程、找飯店、找機票，趕快報名我們的早鳥行程吧！</h3>
025          <hr>
026        </header>
027
028        <!-- 主要內容 -->
029        <main>
030          <!-- 第一個行程 -->
031          <div class="tour">
032            <!-- 行程首 -->
033            <div class="tour-header">
```

```
034              <img src="photo1.jpg" class="img-tour">
035          </div>
036          <!-- 行程主體 -->
037          <div class="tour-body">
038            <h2>花現富良野</h2>
039            <p>富良野四季彩之丘位於視野遼闊的丘之町美瑛，…。</p>
040            <p><a class="a-detail" href="tour1.html">詳細資料&raquo;</a></p>
041          </div>
042        </div>
043
044        <!-- 第二個行程 -->
045        <div class="tour">
046          <!-- 行程首 -->
047          <div class="tour-header">
048              <img src="photo2.jpg" class="img-tour">
049          </div>
050          <!-- 行程主體 -->
051          <div class="tour-body">
052            <h2>文藝維也納</h2>
053            <p>貝爾維第宮又名「美景宮」，位於奧地利維也納…。</p>
054            <p><a class="a-detail" href="tour2.html">詳細資料&raquo;</a></p>
055          </div>
056        </div>
057
058        <!-- 第三個行程 -->
059        <div class="tour">
060          <!-- 行程首 -->
061          <div class="tour-header">
062              <img src="photo3.jpg" class="img-tour">
063          </div>
064          <!-- 行程主體 -->
065          <div class="tour-body">
066            <h2>戀戀北海道</h2>
```

```
067          <p>北海道旭川市雪美術館於西元1991年落成，…。</p>
068          <p><a class="a-detail" href="tour3.html">詳細資料&raquo;</a></p>
069        </div>
070      </div>
071
072      <!-- 第四個行程 -->
073      <div class="tour">
074        <!-- 行程首 -->
075        <div class="tour-header">
076          <img src="photo4.jpg" class="img-tour">
077        </div>
078        <!-- 行程主體 -->
079      <div class="tour-body">
080          <h2>京都清水寺</h2>
081          <p>清水寺是京都最古老的寺院，建於西元778年，…。</p>
082          <p><a class="a-detail" href="tour4.html">詳細資料&raquo;</a></p>
083        </div>
084      </div>
085
086      <!-- 第五個行程 -->
087      <div class="tour">
088        <!-- 行程首 -->
089        <div class="tour-header">
090          <img src="photo5.jpg" class="img-tour">
091        </div>
092        <!-- 行程主體 -->
093        <div class="tour-body">
094          <h2>邂逅布拉格</h2>
095          <p>布拉格是歐洲最美麗的城市之一，…。</p>
096          <p><a class="a-detail" href="tour5.html">詳細資料&raquo;</a></p>
097        </div>
098      </div>
099
```

```
100          <!-- 第六個行程 -->
101          <div class="tour">
102            <!-- 行程首 -->
103            <div class="tour-header">
104              <img src="photo6.jpg" class="img-tour">
105            </div>
106            <!-- 行程主體 -->
107            <div class="tour-body">
108              <h2>白色姬路城</h2>
109              <p>日本第一名城姬路城有400年歷史，…。</p>
110              <p><a class="a-detail" href="tour6.html">詳細資料&raquo;</a></p>
111            </div>
112          </div>
113        </main>
114
115        <!-- 頁尾 -->
116        <footer>
117          <hr>
118          <p>&copy;2020日光旅遊&middot;洽詢電話：0800-000-168</p>
119          <a class="a-back" href="#">Back to top</a>
120        </footer>
121      </body>
122    </html>
```

撰寫 CSS 樣式

手機版與共用樣式

在使用 HTML 將網頁的內容定義完畢後,接下來要使用 CSS 設計網頁的外觀,我們會先撰寫手機版與共用樣式,等測試無誤後,再來撰寫平板電腦版樣式和 PC 版樣式。

在設定好手機版與共用樣式後,網頁會以單欄的形式顯示主要內容的六個行程,瀏覽結果如下圖,由於網頁比較長,所以我們將畫面切成三張,這樣可以看得清楚一點。

❶ 導覽列　❷ 頁首　❸ 主要內容 (六個行程)　❹ 頁尾

我們將手機版與共用樣式列出來，這份程式碼雖然有點長，但是很容易理解，相關的講解已經標示在程式碼裡面，比較重要的如下：

- 003、004、005：第 003 行是將網頁主體的寬度設定為瀏覽器寬度的 100%；第 004 行是將網頁主體的最大寬度設定為 960px，一旦可視區域超過 960px，網頁內容會維持 960px，兩側會顯示空白；第 005 行是將網頁主體置中。

- 012/013、018/019、024/025、030/031：將頁首、主要內容、頁尾、導覽列的寬度設定為容器寬度（網頁主體）的 96%，剩下的 4% 會平均分配給左右邊界，讓這些區塊置中。

- 039、040：將項目清單的顯示層級設定為 inline（行內層級），讓所有項目排成一列，然後使用 margin-right: 10px 屬性將各個項目的右邊界放大，這樣才不會擠在一起。

- 058、059：將行程的寬度設定為容器寬度（主要內容）的 98%，剩下的 2% 會平均分配給左右邊界，讓行程置中。

- 063：將行程首的寬度設定為容器寬度（行程）的 100%，行程首裡面有一張景點的圖片。

- 067：將行程主體的寬度設定為容器寬度（行程）的 100%，行程主體裡面有簡短的文字介紹和「詳細資料」超連結。

- 073、074：將圖片設定為響應式圖片，其中 max-width: 100% 表示圖片的寬度會隨著容器寬度做縮放，但最大寬度不得超過圖片的原始大小。

- 094 ~ 096：這是平板電腦版樣式（481px ~ 768px），稍後會介紹。

- 099 ~ 101：這是 PC 版樣式（≧ 769px），稍後會介紹。

```
001    /*手機版與共用樣式 (≦480px) */
002    body {
003      width: 100%;
004      max-width: 960px;
005      margin: 0 auto;
006      padding: 0px;
007      font-family: 微軟正黑體;
008    }
009
010    header {
011      display: block;
012      width: 96%;
013      margin: 0 auto;
014    }
015
016    main {
017      display: block;
010      width: 96%;
019      margin: 0 auto;
020    }
021
022    footer {
023      display: block;
024      width: 96%;
025      margin: 0 auto;
026    }
027
028    nav {
029      display: block,
030      width: 96%;
031      margin: 0 auto;
032      background: #f5f5f5;
033      border: 1px solid #eaeaea;
```

設定網頁主體的寬度、最大寬度、邊界、留白與字型

設定頁首的顯示層級、寬度與邊界

設定主要內容的顯示層級、寬度與邊界

設定頁尾的顯示層級、寬度與邊界

設定導覽列的顯示層級、寬度、邊界、背景色彩、框線、框線圓角與陰影

```
034      border-radius: 5px;
035      box-shadow: 0px 0px 5px #eaeaea;
036    }
037
038    nav ul li {                                    ← 設定項目的顯示層級、右邊
039      display: inline;                               界與留白
040      margin-right: 10px;
041      padding: 10px;
042    }
043
044    hr {                                           ← 設定水平線的框線、高度與
045      border: 0px;                                   邊界
046      height: 0px;
047      border-top: 1px solid rgba(0,0,0,0.1);
048      border-bottom: 1px solid rgba(255,255,255,0.1);
049      margin: 20px 0px;
050    }
051
052    .a-li {                                        ← 設定項目超連結的樣式 ( 黑
053      text-decoration: none;                         字不加底線 )
054      color: black;
055    }
056
057    .tour {                                        ← 設定行程的寬度與邊界
058      width: 98%;
059      margin: 0 1%;
060    }
061
062    .tour-header {                                 ← 設定行程首的寬度
063      width: 100%;
064    }
065
066    .tour-body {                                   ← 設定行程主體的寬度、高度
067      width: 100%;                                   與文字左右對齊
```

```
068        height: 270px;
069        text-align: justify;
070    }
071
072    .img-tour {                                    設定行程圖片的寬度與高度
073        max-width: 100%;
074        height: auto;
075    }
076
077    .a-detail {                                    設定詳細資料超連結的樣式
078        display: block;                            （藍字、粗體不加底線）
079        text-decoration: none;
080        color: #0066ff;
081        font-weight: bold;
082    }
083
084    .a-back {                                      設定 Back to top 超連結的樣
085        display: block;                            式（藍字、Arial、不加底線、
086        text-decoration: none;                     文字靠右對齊）
087        color: #0066ff;
088        font-family: "Arial";
089        text-align: right;
090        margin: 10px 0px;
091    }
092
093    /*平板電腦版樣式 (481px ~ 768px)*/
094    @media screen and (min-width: 481px){          設定平板電腦版樣式
095        /*在此撰寫平板電腦版樣式 (稍後會介紹)*/
096    }
097
098    /*PC版樣式 (≧769px)*/
099    @media screen and (min-width: 769px) {         設定 PC 版樣式
100        /*在此撰寫PC版樣式 (稍後會介紹)*/
101    }
```

平板電腦版樣式

在設定好手機版與共用樣式後，接下來要來設定平板電腦版樣式，網頁會以兩欄的形式顯示主要內容的六個行程，瀏覽結果如下圖。

❶ 導覽列　❷ 頁首　❸ 主要內容 (六個行程)　❹ 頁尾

我們將平板電腦版樣式列出來，相關的講解如下！

● 04：使用媒體查詢功能設定當可視區域的寬度大於等於 481px 時，就套用此處的樣式。

● 05 ~ 09：設定行程的樣式，第 06 行是將行程的寬度設定為容器寬度的 48%，第 07 行是設定靠左文繞圖，第 08 行是將行程的左右邊界設定為 1%。

根據此設定，第一、二個行程會排成一列，寬度占為 48%，加上第一、二個行程的左右邊界各為 1%，總共 48%＋1%＋1%＋48%＋1%＋1%＝100%，剩下的第三、四個行程和第五、六個行程則依此類推。

● 10 ~ 12：設定頁尾的樣式，由於我們將行程設定為靠左文繞圖，所以第 11 行是清除靠左文繞圖。

```
\Ch16\RWD.css
01 … (前面省略)
02
03 /*平板電腦版樣式 (481px ~ 768px)*/
04 @media screen and (min-width: 481px){
05    .tour {
06      width: 40%;
07      float: left;
08      margin: 0 1%;
09    }
10    footer {
11      clear: left;
12    }
13 }
```

PC 版樣式

在設定好平板電腦版樣式後，接下來要來設定 PC 版樣式，網頁會以三欄的形式顯示主要內容的六個行程，瀏覽結果如下圖。

❶導覽列　❷頁首　❸主要內容 (六個行程)　❹頁尾

我們將 PC 版樣式列出來，相關的講解如下：

● 04：使用媒體查詢功能設定當可視區域的寬度大於等於 769px 時，就套用此處的樣式。

● 05 ~ 09：設定行程的樣式，第 06 行是將行程的寬度設定為容器寬度的 31.333%，第 07 行是設定靠左文繞圖，第 08 行是將行程的左右邊界設定為 1%。

根據此設定，第一、二、三個行程會排成一列，寬度各為 31.333%，加上第一、二、三個行程的左右邊界各為 1%，總共 (31.333% ＋ 1% ＋ 1%)×3 ≒ 100%，剩下的第四、五、六個行程則依此類推。

● 10 ~ 12：設定頁尾的樣式，由於我們將行程設定為靠左文繞圖，所以第 11 行是清除靠左文繞圖。

```
\Ch16\RWD.css
01 … (前面省略)
02
03 /*PC版樣式 (≧769px)*/
04 @media screen and (min-width: 769px) {
05   .tour {
06     width: 31.333%;
07     float: left;
08     margin: 0 1%;
09   }
10   footer {
11     clear: left;
12   }
13 }
```

APPENDIX

- ◆ HTML 元素的屬性
- ◆ HTML 元素索引
- ◆ CSS 屬性索引

HTML 元素的屬性

全域屬性

全域屬性 (global attribute) 指的是可以套用到所有 HTML 元素的屬性，HTML5.2 提供的全域屬性如下：

- **accesskey**="...": 設定將焦點移到元素的按鍵組合。

- **class**="...": 設定元素的類別。

- **contenteditable**="{true,false,inherit}": 設定元素的內容能否被編輯。

- **dir**="{ltr,rtl}": 設定文字的方向，ltr (left to right) 表示由左向右，rtl (right to left) 表示由右向左。

- **draggable**="{true,false}": 設定元素能否進行拖放操作 (drag and drop)。

- **hidden**="{true,false}": 設定元素的內容是否被隱藏起來。

- **id**="...": 設定元素的識別字（限英文且唯一）。

- **lang**="*lang-code*": 設定元素的語系，例如 en 為英文，fr 為法文、de 為德文、ja 為日文、zh-TW 為繁體中文。

- **spellcheck**="{true,false}": 設定是否檢查元素的拼字與文法。

- **style**="...": 設定套用到元素的 CSS 樣式表。

- **tabindex**="*n*": 設定元素的 Tab 鍵順序，也就是按 Tab 鍵時，焦點在元素之間跳躍的順序，*n* 為正整數，數字愈小，順序就愈高，-1 表示不允許以按 Tab 鍵的方式將焦點移到元素。

- **title**="...": 設定元素的標題，瀏覽器可能用它做為提示文字。

- **translate**="{yes,no}": 設定元素是否啟用翻譯模式。

事件屬性

事件屬性 (event handler content attribute) 用來針對 HTML 元素的某個事件設定處理程式，種類相當多，下面是一些例子：

- onload="..."：設定當瀏覽器載入網頁時所要執行的 Script。

- onunload="..."：設定當瀏覽器移除網頁時所要執行的 Script。

- onclick="..."：設定在元素上按一下滑鼠時所要執行的 Script。

- ondblclick="..."：設定在元素上按兩下滑鼠時所要執行的 Script。

- onmousedown="..."：設定在元素上按下滑鼠按鍵時所要執行的 Script。

- onmouseup="..."：設定在元素上放開滑鼠按鍵時所要執行的 Script。

- onmouseover="..."：設定當滑鼠移過元素時所要執行的 Script。

- onmousemove="..."：設定當滑鼠在元素上移動時所要執行的 Script。

- onmouseout="..."：設定當滑鼠從元素上移開時所要執行的 Script。

- onfocus="..."：設定當使用者將焦點移到元素上時所要執行的 Script。

- onblur="..."：設定當使用者將焦點從元素上移開時所要執行的 Script。

- onkeydown="..."：設定在元素上按下按鍵時所要執行的 Script。

- onkeyup="..."：設定在元素上放開按鍵時所要執行的 Script。

- onkeypress="..."：設定在元素上按下再放開按鍵時所要執行的 Script。

- onsubmit="..."：設定當使用者傳送表單時所要執行的 Script。

- onreset="..."：設定當使用者清除表單時所要執行的 Script。

HTML 元素索引

CSS 屬性索引